おもしろサイエンス

身近な金属製品の科学

坂本　卓●著

B&Tブックス
日刊工業新聞社

はじめに

人類が誕生して以来さまざまなものに金属が使用されてきました。現代では金属は人間が生きていくうえで欠くことができない重要な物質です。有史を紐解くと人類は他の動物と異なって飛躍的に優位に立った最も大きい原因は「火」を造り出し、自由に利用することができたことです。地球上に生存している人間以外のすべての動物は、火を造り出し扱うことはできません。

次に人間が他の動物を凌駕することができた理由は手を自由に使うことができたことです。手を使う動物はたくさんいますが、人間は手を使うだけでなく手を助ける道具を発明したことでした。人間以外にチンパンジーなど数種の動物は手を補助する道具を造り使用することができるでしょう。でもその道具は極めて原始的で、精巧ではありませんから、一般に道具を造り利用する動物は人間だけだといってもいいでしょう。

人間が発明した道具はさまざまな種類があります。原始時代では手を補助するための簡単な道具でした。発掘した遺跡からわかったことは道具の素材が「石」です。石の斧、石の矢尻、石の包丁はその代表です。石を活用した歴史は石器時代といい、石器文化は長く栄えて石を自由に活用した部族が最も繁栄します。

石や骨は道具を造るために格好の素材でした。しかし、石は目的の種類がどこにもあるわけではありません。また石は強さに限りがあります。また自由な形に作り上げることが困難です。

人類は火を自由に操り利用して、石に替わる「金属」を手に入れます。手に入れた石のうち金属にできる鉱石（原料）があることがわかったのです。その鉱石は石と比較すると光沢、色調、硬さに大きい差異があることを理解したのです。推定すると、その鉱石は火を燃すためのかまど代わりに使用したことがあるでしょう。木を燃したその熱で鉱石は還元し、粗い（不純物が多い）金属に変化したと思われます。

発見した銅鉱石はこのように還元して「銅合金」に変化します。低い温度で還元できて生まれる金属は「青銅」です。青銅は字のように青い色合いを持ち光沢があります。しかもそのようにして生まれた青銅は石より硬く折れ難いので、今まで石で製造してきた各種の道具は次第に取って代わられていきます。日本の古代の遺跡に見られる銅鐸、銅剣、銅鏡も青銅で造られています。武器も青銅に取って代わっていきます。青銅を多種多量に製造した民族が旧来の石器文化を破壊し、広大な領域を制覇することができたのです。

近代から現代に到る長い過程の中で、人類はさらに「鉄」の製造法を発明します。鉄は人間の生活、産業、兵器すべての分野に多量に使用されています。鉄の時代はいまだ止まることはありません。全世界では年間に10数億トンの鉄が製造され、鉄は各種の分野に貢献して人類の繁栄を築いています。

近年は鉄以外にさまざまな金属が開発され人間は多岐に使用してきました。昨今は「レアメタル」や「レアアース」などの金属がメディアに大きい話題として取り上げられています。これらの金属の様態を知ることは知識の積算に止まらず、個々の情報の交換に際して多岐なネットワークが形成でき発達するでしょう。

本書は私たちが生活や産業界の中で使っている金属について、やや専門的な解説を加えながらやさしく紹介しています。これを機会に金属の概要をご理解いただけたら幸いです。

金属以外の非金属の使途も急速に進展し興味がありますが、本書では金属に絞って解説します。

2011年9月

坂本　卓

はじめに

第1章 道具の「鉄と鋼」

第2章 機械や建築物の「鉄と鋼」

第3章 重くて丈夫な「鋳鉄」

第4章 特殊な用途に合わせた「非鉄金属」

コラム

第1章

道具の「鉄と鋼」

鉄を鍛え上げた日本刀——匠の技が込められた一品

日本刀は武器として発達してきました。武士の命、精神的な拠り所、シンボルでもあったのです。

日本刀が発達した地域は鉄の原料として砂鉄が豊富に産出した河川や海岸流域です。砂鉄は鉄が酸化した鉄鉱石で、鉄鉱石を埋蔵した山から流れて堆積した場所に存在します。鉄が酸化した鉄鉱石はFe_2O_3、FeO、Fe_3O_4、$Fe(OH)_2$など数種があります。砂鉄はFe_3O_4で、外見は黒く磁石に付着するので簡単に集めることができます。砂鉄が多量に産出した地域には島根の安来などがあります。安来には出雲の八岐大蛇《やまたのおろち》神話が伝えられ、大蛇の頭を剣で切り、その大蛇から剣が出てくるなど、古来この場所が刀に関係したことがうかがわれます。

日本刀を製造するには鉄の純度が高く他の不純物（シリコン、マンガン、硫黄、燐、銅、ガスなど）含有が少ない真砂砂鉄を使用します。土で築炉して乾燥させたたたら炉に砂鉄と赤松の木炭を交互に装入して燃焼して温度を上げ、砂鉄を構成している酸素を還元（$Fe_3O_4+C=Fe+CO_2$）して除去します。燃焼温度を高温に上げることは非常に困難で、木炭でも赤松がより温度上昇に優れています。数時間後に鉄ができるのを見計らって炉の火を消して自然冷却します。その後、炉を壊して中の鉄を取り出します。1回ごとのバッチ操業で非効率な方法です。こうしてできた鉄が和鉄です。

和鉄は木炭を燃焼した加熱炉に入れ鞴《ふいご》で送風しながら温度を上げて高温に加熱したあと、取り出して金槌で叩き、加熱を繰り返しながら何回も何百回も

しなやかで切れ味バツグンの日本刀

鍛え上げていきます。これが鍛造で、一連の操作を鍛冶といいます。加熱炉は送風の量（酸素量になる）を加減して還元雰囲気にすると和鉄が含有する炭素が燃焼し、併せて鍛錬により和鉄の炭素、不純物およびガスが絞り出されて燃焼し、極めて純度が高い鋼ができあがります。これが玉鋼《たまはがね》です。

日本刀は玉鋼を重ね合わせて鍛錬を繰り返し鋼の性質を密に強化し、次第に刀身を形成していきます。鍛造により鋼内の組織は3次元方向に密になり、結晶粒は細くなりますから、機械的性質が極めて優れた強靱鋼に生まれ変わります。

成形した日本刀は命を吹き込む焼入れをします。前もって刃部以外に焼きが入らないように粘土を塗り上げます。この塗り方で刃部の模様（にれ）が生じて刀鍛冶師の特徴が出ます。刀身全体が均一な温度になるように加熱したあと一気に冷水に入れ、頃合いを見て引き上げます。このタイミングは刀鍛冶師だけの匠の技です。理論的には冷却時に300～250℃近辺に冷却したときに引き上げると焼割れがなく変形も少なくなります。引き上げたとき内部の熱によりやや温度が上がりますが、これが焼戻しの役割を果たしています。

日本刀を造る工程には研ぎがあります。専門の研ぎ師が荒刀に最後の仕上げを行い日本刀が完成します。日本刀は軽く、折れず、曲がらず、切れ味がよく、しかも摩耗しないように精魂込めてノウハウを投入して鍛錬しています。刀身の直進は1㎜の何分の一以下までに収められているほど、まっすぐです。これが手作りの刀身ですから驚きます。直進性を評価できる事例に、刀身を利用する将棋盤の線の墨入れがあります。太刀盛《たちも》りと呼ばれる技法で、タイトル戦などに使用される高価な将棋盤は刀身の刃に墨を溜め、その刃を榧材《かやざい》やクチナシ材で作った盤上に押し当てて墨を転写して線を引く方法で制作している優れものです。

日本刀は製造した時代により古刀、新刀などに区別しています。また刀身の長さ、厚さ、反りなどの形状にも多くの種類があり、これらの形状は使用した時代の要求に沿って造られています。

聞き及んだ話ですが、先の戦争で使用したとき刃部に弾丸が当って曲がって鞘に入らなくなった日本刀が、数日後に元の形に戻ったという逸話があります。

日本刀による兜切りの実演を見学したことがあります。鉄製の兜が切れるかという問いかけでしたが、居合いの達人が見事に2つに切断した光景を今でも思い出します。

和式のナイフ――子供にとって万能の肥後の守《かみ》

子供の頃は学校から帰ると宿題を済ませ、すぐ小刀を手に裏の竹藪から竹を切り取ってきて細工をし、遊び道具を作るのが常でした。今のように玩具はなかった戦後の時代ですから、遊びの道具は自分の手作りだったのです。

小刀は父から買って貰った肥後の守です。刃は折り畳み式なのでポケットに入れていても危険はありません。学校にも持っていける時代でしたから、取り出して鉛筆を削るときは重宝でし、よく切れました。当時は薄い安全剃刀式のカッターはありませんでした。カッター付きの孔に鉛筆を差し込んで手で鉛筆を押しながら回転させると削ることができる小さい機械式の鉛筆削り機器も出回りました。昭和30年代になるとその機器を使用する機会が当たり前になりましたが、それに反比例して子供がナイフを使って鉛筆を手で削る作業ができなくなったことは残念です。現在は電動式の鉛筆削り器が当たり前で、簡単に操作できて迅速に削れますが、芯の状態を見ながら削ることはないので削り屑が大量に出ますから、鉛筆を使うというより削り屑発生器として消費速度も早く鉛筆が短寿命になりました。

当時はどの子供も肥後の守で竹とんぼを手作りし朝な夕なに競い合っていました。軽飛行機作りでも肥後の守は働いてくれました。得意な分野は目白笛でした。目白笛とは、目白の耳元で聞かせると、目白の鳴きを誘発する笛です。だから目白笛も目白の真声に似た音が出るように作ることが技量でしたし、それを使って吹く練習も毎日絶え間なく実行しました。

　目白を入れる竹籠も手作りするには難しい代物でしたから、現代の子供らは刃物の所持や携帯が制限されている環境でもありますが、モノ作りを進める点から考えると、小刀を使用して細工をする器用さがないならまだしも、創造性を生むアイデアが涌いてくる機会が失われてしまうと思います。子供の頃から小刀を使うときには少なからず指先に小さい切りキズをしますが、それが人生の損失になるのではなく、経験することが将来に有形無形の大きい価値を生むと思います。

肥後の守

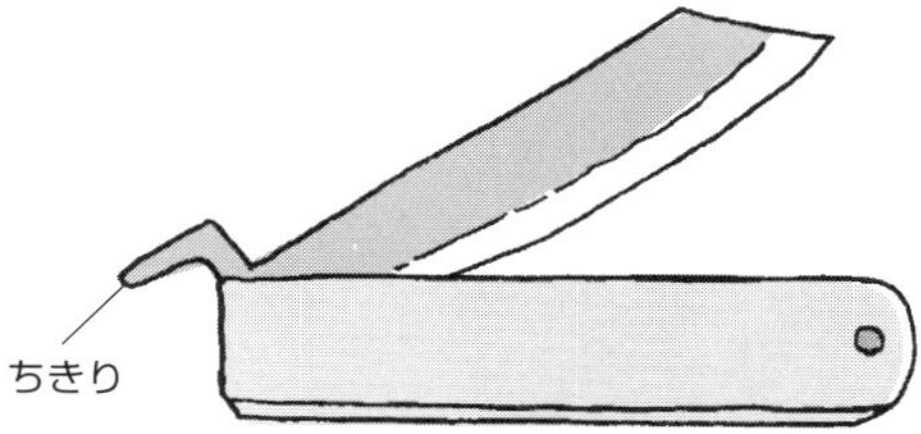

　肥後の守は鋼あるいは真鍮製の金属板をプレス加工して合わせた部分を握りのグリップとし、合わせた板間に刃を畳む構造です。刃を出すときは「ちきり」という梃子《てこ》状の突起を指で押さえたら刃が出てきます。単純な構造であり故障がなく安価に製造できましたし、使用も簡便だから広く一般に普及しました。とくに子供らの文房具用と玩具作りには貢献したようです。現在でも安いものは1000～1500円ぐらいで手に入ります。刃は鋼を使用していますから切れ味は確かです。

　肥後の守という名称は普通名詞として行きわたっていますが、実は兵庫県三木市の永尾駒製作所が登録した商標であり、商品名として製造販売しています。

外国にも肥後の守に類似した小刀があります。外国ではナイフとし、これは日本の小刀と同じですが、脇差しではありません。たとえば登山で缶切り、各部品の切断、クッキングなどに広く応用しています。フランスでは軍が100年間不変の形状をしたフィールドナイフを使用しています。

肥後の守は当時貧乏な子供でも我が分身のようにいつもポケットに入れ、毎回砥石でよく研いで油を引いて大事に使っていましたが、それでも自分たちで小刀を作れば親の懐を気にしないで済むという気持ちがありました。そこで子供たちで相談し、5寸（15㎝）釘で作ろうということになり、金槌で叩いて平に延ばしましたが、なかなか工程が先に進みません。そこで誰かが汽車に踏ませるという奇抜なアイデアを思いつき、さっそく線路（レール上）に数本を並べ、通り過ぎるまで草むらに隠れて待っていました。汽車は難なく通り過ぎて行きましたから、我こそとばかり線路に一斉に駆け上がって釘を見ると希望通りのペッシャンコの形状に延ばされていました。喜び勇んですぐ砥石で小刀の形に整えて柄を付けて削ってみましたが、刃を鋭くしたにもかかわらず切れないばかりか曲がってしまいました。釘は軟鋼を使用していますから、成形はできてもこの方法は結果的に大失敗でした。当時はこのような鋼を「なまくら」といっていました。

後年、金属材料と熱処理を仕事として携わる機会がありました。そのとき使い古して摩耗したヤスリを熱処理（焼なまし）して基地を軟らかくしたあと、電気グラインダーで形を整えナイフ状に加工しました。というより古参の作業員がそれを手伝ってくれました。焼入れして柄を付けて研磨すると、刃渡り30㎝もある立派な脇差し風の刃物になりました。刀身は細身の刃で同田貫（日本刀の名）のように厚く、反りは付けていませんからドス（短刀）です。ヤスリは良質な鋼でC量が多いので、焼入れすると最高の切削工具に変えることができます。切れ味は刃の上に薄い紙を置いて少し引くと、スーッと2つに分かれて落ちるほど優れていました。

さまざまな刃物――引いて切る文化

最近は、鉈を見る機会もめっきり減りました。昔、鉈は日常の生活において重宝な刃物でした。刃が厚く、剛性があるため竹や木々の伐採、薪作りに活躍した刃物です。刃先にデボ（突起）があるため、刃を保護しながら切ることが可能です。この突起を発明した故人は素晴らしいアイデアの持ち主であり、現代なら少なくとも実用新案に値すると思います。もしこの突起がない場合、刃先が常に最初に当たり、過酷な使用になるため刃こぼれや折損が生じるでしょう。

鉈は重量があるため叩き切って使います。刃物は大きく分けるとこのように叩き切る切り方と、刃物を引きながら切る方法に分類できます。

鉈のほかには青龍刀あるいは中華料理用の包丁が叩き切る用途で作られています。青龍刀は吉川英治著の小説「三国志」などにたびたび出てくる古代中国の武器ですが、刃が分厚く重量があるため振り上げたら下に落として重さで切るように使います。鈍重ですが耐久性に優れ多岐な使用に向く刃物といえます。中華料理用に使う包丁も同様に刃が分厚く作られていて、牛馬や豚、鶏を裁き、骨を叩き切って肉塊に分離することができ、さらにそのあと細かく裁断することができるように、1本ですべての調理をすることができる多機能刃物です。だから中華料理人が使う包丁は対象物に応じて使い分けすることはありませんから、所有する本数は誠に少なくなります。

これらに対して、引いて切る刃物があります。代表的なものは日本刀です。日本刀は叩いて切ることはできません。たとえば刃を上に向けて刃の上に固めの豆腐を乗せても切れないくらいです。日本刀の刃は刃厚が薄く、鋭利で、片手で使えるように軽く作られています。これは叩き切る方法ではなく、引いて切るように作ったためです。青龍刀のように日本刀で叩き切ったら折れてしまいます。日本刀は刀身が反っています。反りは使用した時代によって大きさが変化しています。戦国時代は第一に切ることが最優先でしたから、軽快な操作ができ反りの大きさも実践向きでした。時代が下り、日本刀が単なる護身用あるいは一種の飾りに到った時代は反りの大きさも少なくなります。

　現在の剣道の竹刀裁きは日本刀の操作が基本です。すなわち面を打つときも胴を打つときも、踏み込みながら竹刀を日本刀の刃を押し引くように打ちます。単に面を上から打つだけではポイントになりません。しかし、日本刀のなかには青龍刀に類似した多機能用として作った特殊品もあります。たとえば同田貫という日本刀は刃が分厚く、鈍重な日本刀です。が、これは一般的ではありません。

　江戸時代までの切腹では、同時に打ち首を行う介《かい》錯人《しゃくにん》が首を落とします。この介錯では腕が確かな遣い手を選び、介錯人が首を落とすときは何番目かの頸骨間に当たるように引く一瞬の動作が必要であるとされています。なかには技量が落ちる者が骨に当てて切れずに何回も振り落として叩くと、なお切れなかったという事例もあったと記録にあります。

　この引いて切る刃物の代表的なものに日本の和食

鉈

の料理に使う包丁があります。もちろん一般家庭で使う包丁でもあります。家庭には出刃包丁、菜切り包丁、刺身包丁などが、代表的な和包丁でしょう。このうち菜切り包丁は押しながら切ることもありますが、和食調理用の包丁はすべて引いて切る操作をします。刺身を作る料理人の仕草を拝見すると薄く

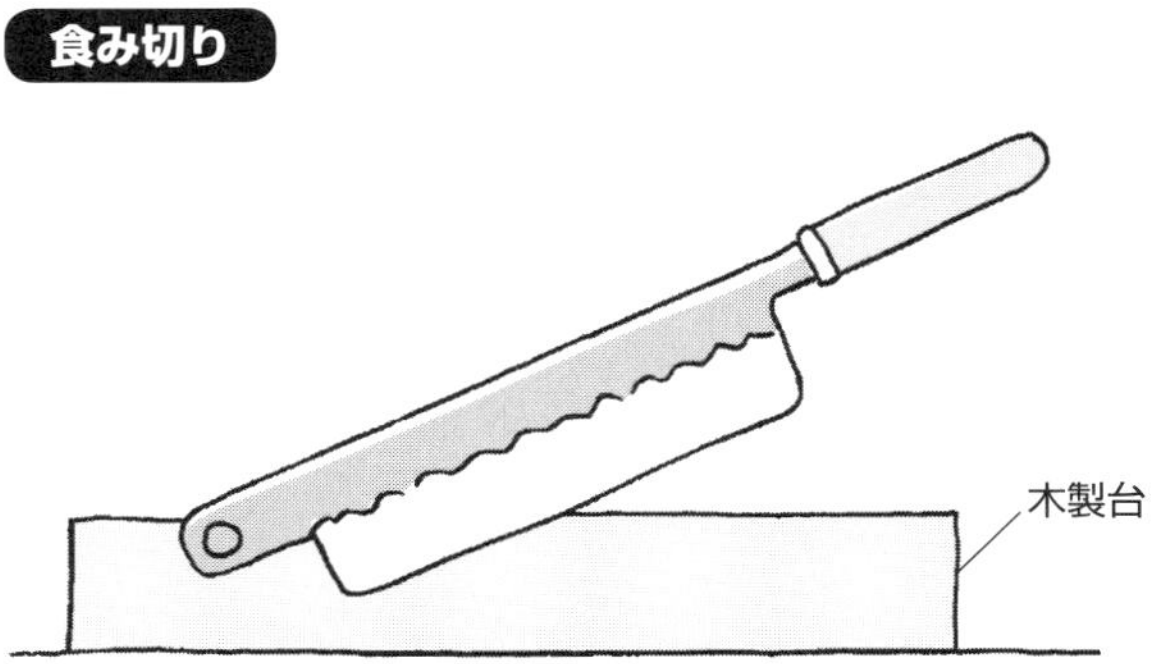

引いて切り、面は光沢が残るように滑らです。スイ、スーィと切る様子は明鏡止水の感があります。ちなみに包丁（庖丁）という言葉は古代中国から伝わった料理人の名前です。

日常使う刃物は多種多様にあります。これらの刃物はどのように切ったらうまくいくかを考えるべきでしょう。鋏は引いて切る構造ではありませんから、操作を変えることはできません。だから支点をうまく使って刃先に大きい荷重がかかるような構造にしています。

鎌はできれば引いて切るように操作すると力を少なくすることができます。鎌で稲を手刈りするとき、根元の株を手で掴み鎌の刃を当てますが、鎌の刃を稲元に食い込ませて押しても切れません。鎌の刃を引くようにすれば簡単に切れます。稲の束はかなり剛性があるのです。

この稲藁《いなわら》を切る刃物に「食《は》み切り」があります。はみとは食む、食べるの意味です。食になる素材を切る包丁というわけですが、この「食み切り」は牛

馬の餌として草、稲藁を切り刻む役目に使います。木製台上に対象物を載せて上から「食み切り」の刃を落として押さえながら切りますから、引いて切るようにはできません。だから刃は厚く頑丈です。牛馬を飼っていた農家は1～2台を所有していたはずです。ただ、昔は指を挟んで切り落とす事故がよく起こり、取り扱いがかなり危険な刃物でした。

ペーパーカッターも押さえながら切る構造です。一般に外国、西欧から伝わった刃物は押さえながら切る方式が多いように感じます。爪切りもそうです。爪切りは典型的に押さえて圧力をかけて切り落とす構造です。刃部は刃と刃が合わさると互いに摩滅しますから、それを防止するように刃の位置を少しずらしています。正確には上の刃が下の刃より0・1㎜奥に位置しています。

ステーキを食べるときに使うナイフは刃に小さな刻みを入れて切れやすくしていますが、刺身包丁のようには切れ味が良くありません。西欧はギロチンでもそうでしたが引いて切るという考えがなく、その類を作る刃物の製造技術が低いのかも知れないと思います。

日本の刃物は永い歴史を持つ日本刀に代表するように、軽快に操作し、切れていないように切った跡が見えにくいほど切断面を綺麗に切って剪断跡を残していません。これは引いて切ったからです。叩いて切る、あるいは刃物の圧（あるいは重さ）で押さえて切る方法では切り口が傷み、滑らかになりません。

居合いの達人が日本刀で竹を試し切りすると、竹は切り口が見えず、切られてもしばらくはそのまま残ったままで、数秒後に我に返ったように、切られたことを自覚したように悟ったのか、やっと下に落ちていきます。引いて切る典型的な技の例です。

バリカン――耐久性の高い散髪機具

バリカンは有名なヘンリー・リーランドの手により開発されたといわれています。彼は自動車工業のキャデラック社とリンカーン社を起こした人物です。バリカンは瞬く間に全世界に広がって恩恵を得ることができました。

バリカンの基本構造は、山形の刃を下の本体に固定して、上部に横スライドする山形刃を載せて蝶ばねで取り付けています。下刃の柄と上刃の柄は、横方向にばねで広げていますから、それぞれの柄を握り締めると、ばねが絞られて上刃が横方向にスライドし、固定した下刃との間で剪断状に毛髪を刈ることができる構造です。スライドの滑らかさは上刃を下刃に取り付けた蝶ばねの強さで調整します。

バリカンの名称の由来は、輸入したフランスのバリカン製作所にちなむものです。英語では、「hair clippers」といいます。

日本では明治維新後に廃刀令とともに断髪令が出されて頭髪の形が自由になりましたが、それ以上に短髪が進んだ理由は明治6年の徴兵令の施行があったからで、男子はすべて入隊時に丸刈りと決められていたからです。バリカンはこれと前後してフランスから初めて輸入しています。そのためバリカンは急速に普及しました。とくに明治27年（１８９４年）の日清戦争では出征兵士はみな丸刈りでしたから、一般の民間人にもバリカンで刈った短髪丸刈りが多くなりました。この間、当然輸入後は模倣したバリカンが製造されています。昭和初期には電動式も販売されました。

手動式のバリカン

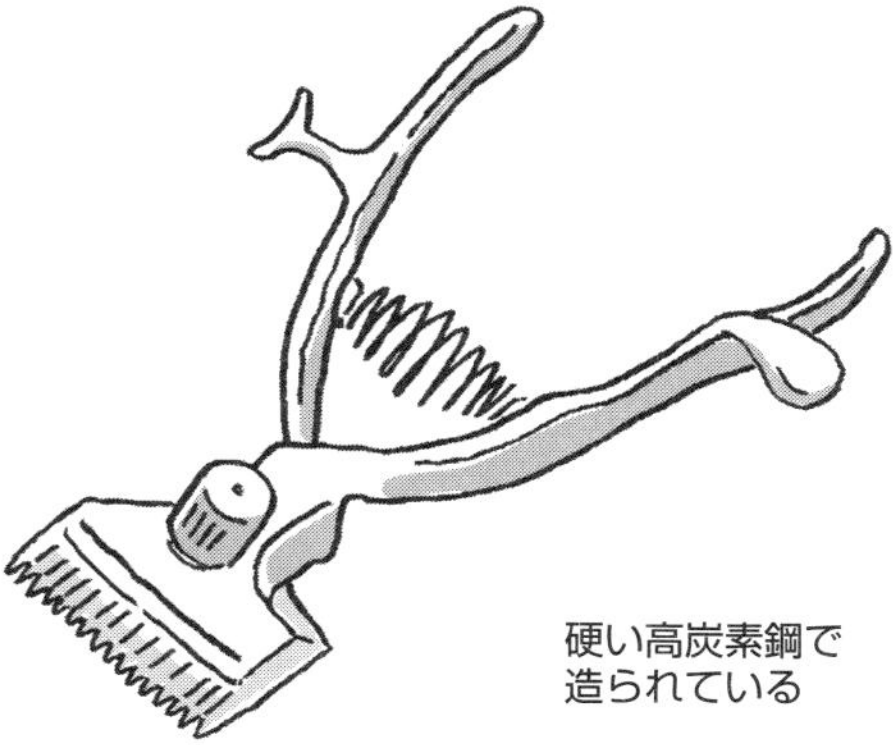

手動式のバリカンは高炭素鋼を成形加工したあと焼入れし、耐摩耗と切れ味を与えるために高硬度にしています。1カ月1回程度に刈るだけですから寿命は長くなりますが、それでも刈ったあとは分解して残った毛髪を除去して清掃し、油を引いて刃の酸化を防止して上刃のすべりを維持できるように保守します。1年に1回程度は上刃を研ぐこともあります。

散髪を自動化できないか研究している先生がいると仄聞しています。散髪作業にかかる経費はほとんど人件費であることから、ロボットが散髪を行うことができれば価格も安くなると散髪時にいつも考えてしまいます。また刈った毛髪は何かに利用できないでしょうか。馬の尻尾の毛は筆に利用していますし、車の塵掃けにも応用しています。人間の毛髪は高蛋白成分で構成していますから、カツラ以外にも廃棄物の応用ができると思います。

外科用医療器具——切れ味鋭いメスを作る

外科医の友人から手術時に使う器具のあらましについて聞きました。メスのほかにも外科手術に使用する器具をいくつか紹介しましょう。

①メス：体の筋肉や内臓物、組織を切開する刃物です。最近はメス先端部だけをメスホルダーに取り付けて使い捨てにします。電気メスは電流で切る方式で、レーザーメスもあります。サイズは対象に応じて使い分ける種々の大きさがあります。

②剪刀《せんとう》（鋏）：剪刀には4種があります。外科鋏は組織を切開します。剥離鋏は組織の剥離用です。糸切り鋏は縫合したあとの糸を切る役目があります。ワイヤー鋏はワイヤーを切ります。鋏の形は刃部が直の直鋏と曲鋏があります。鋏を握る柄の長短もあり、前者はメッツェンバーム鋏、後者はメーヨー鋏でと呼ばれます。また鋏の先端は、切る対象物に応じて丸形と先鋭に分かれます。

③鉗子《かんし》：筋肉、血管、骨などを挟む器具です。止血鉗子は血管を挟んで内腔を押し潰して出血を止めるか、血管を縛って止血します。組織鉗子は挟んで保持する役目があります。腸鉗子は直刃と曲がりを持つモスキート鉗子、アリス鉗子、タオル鉗子があります。

④ピンセット：鉤《かぎ》ありと鉤なしがあり、組織をしっかり掴み、すべり落ちにくくします。すべらないように先端部に線状の溝がある形式もあります。

⑤針：糸を通して縫合する器具です。曲針が多く使われますが、腸管を縫合するときは丸針、皮膚の縫合では角針を使います。

⑥持針器：縫合する針を保持する付属器具です。メイヨーヘガールと糸切り用の刃付のオルセンヘガールなどがあります。

⑦開創器：創口をさらに広げるときに使い、内部の視野を広くしたいときに使います。

プレス焼入法

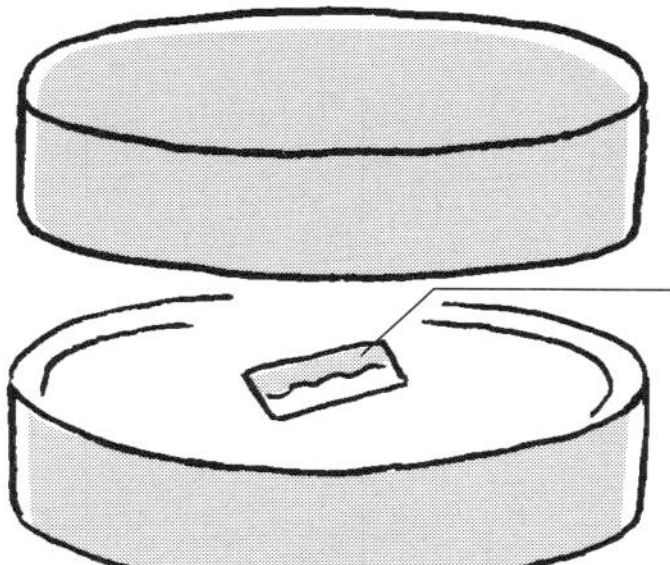

⑧子宮鉤：卵管を引き出す専用器具です。

メスを始めとして上記を構成する材質はマルテンサイト系ステンレス鋼を使用します。主要な成分は鉄以外に、0・16〜0・40％の低および中炭素量と、0・60〜0・75％の高炭素があり、クロムが基本的に13％、ほかに17％含有する種類を持つ鋼です。このステンレス鋼は焼入れして耐摩耗性と高い硬さを得て切れ味をよくし、同時に耐食性に効果があります。含有するクロムはとくに耐食性を増し、焼入性を良好にします。

この鋼は外科用器具以外に歯科用器具、一般のナイフ、軸受、流体用の弁、ポンプ部品などに多用しています。

ひげそり器には、薄い刃がありますが、これも、マルテンサイト系ステンレス鋼を使用して焼入れしています。焼入れすると薄い肉厚ですから変形して使い物にならないはずです。しかし、この刃は焼入温度に加熱したあとに、急冷のために冷却剤中に投入しないで、平面度の精度が高い上下の金型間に装入して金型を利用して冷却します。この熱処理がプレス焼入法です。重量が大きいうえ金型で平面に押さえて拘束しますから、焼きが入っても変形には至りません。多くはこの原理を利用して製造しています。

マルテンサイト系ステンレス鋼は刃物以外に耐食および強度部品として使用できます。たとえばゴルフのヘッドやシャフトがあります。ほかには化学装置の流体用のバルブ、弁は耐食性、耐摩耗性と強度が必要な部材ですから適材です。また高圧を発生する油圧用のポンプおよびモーターもこの鋼を多用しています。

針――釣りから裁縫まで利用する細い金属

針には多くの種類があります。針は英語ではニードルあるいはピンです。用途別に列記してみましょう。

釣り針は漢字では「鉤《はり》」あるいは「鈎《はり》」と書きます。史実によるとすでに人類は数万年前に動物の骨を使って釣り針を作っています。現代の釣り針は魚が噛み潰さないように、曲がらないように、また耐摩耗性を持つ必要がありますから、硬鋼を使用して焼入れし硬くしています。小さなタナゴを釣る極めて小さな数㎜の釣り針から大型鮪《まぐろ》を釣り上げる超大型釣り針まで、数々の種類があります。タナゴ釣りは釣りの中で最も高尚な趣味といわれ、江戸時代の大名や上士間でも流行っていました。釣り針の構造はかえしが重要です。かえしは引っかかりで、もどりともいいます。餌と魚が外れないような機能がありますが、もどりを付けない針もあり、鰹《かつお》釣り、河川ではハヤ釣りで、魚を釣り上げて手元に寄せたらすぐ外れるようにしています。

小中学生の頃、河川でハヤ用の釣り針のもう1つには蚊頭《かがしら》を使いました。蚊頭は釣り針を隠すように蚊の形で作った擬餌の釣り針です。ハヤが蚊を食べる習性を利用しています。擬餌針ですから餌は付けないまま釣りを続けることができます。この擬餌針は1本の釣り糸下部に間隔を空けて5～6本を付けておくと、どれかにかかります。多いときは同時にかかることもありました。擬餌針は釣り具屋で売っていましたが、多く食いつくように針だけ買い、蚊に似せる部分は特徴を付けて（この辺りがノウハウです）自作していました。

ハヤは手元に木綿地を使って袋状に縫い上部の左右の入口に竹を通した「たび」を片手に持ち、吊り上げて手元に釣り糸を引いてハヤを「たび」の中に入れると、自動的にハヤが針を離すという手順で、針を離したらすぐまた次に糸を振れるという連続したハヤ釣りができました。ハヤ釣りのコツは魚が針に食いついたときの引き上げるタイミングがコツです。

釣り針

古代の遺跡から発見された縫い針は、今から3400年余以前にすでに青銅で製造されていたことがわかっていますが、糸を通す穴がありません。針で穴を空けるためにだけ使い、その穴に糸を通していたようです。

今では、縫い針には手縫い用とミシン用の針があります。縫い針は太さ、穴の大きさ、長さにより小さく分類されています。縫い針は国内では広島県が国内使用のすべてを製造していますし、製造品のうち7割を輸出しています。県内の大小メーカーが全工程および工程の一部を担って製造に寄与しています。

針の基本的な製造工程は中～高炭素の鋼を冷間でダイスを通して細く長く伸ばし、必要な長さに切断します。そのあと端面の角を丸く頭加工して平たくして、ポンチで穴を明けて研磨すると基本的な形ができます。針は順次並べて連続式の加熱炉に装入されて炉内で加熱され、次の冷却槽で焼入れされます。

さらに150～200℃で焼戻して熱処理が終了します。熱処理により針は硬く折れにくくなります。表面のお化粧はまず針の外周をロールや円筒砥石で研磨したあと、針先を研磨し、最終的にニッケル（Ni）あるいは金（Au）で電気メッキして完成です。

手縫いする際に針穴に糸を通すことが苦手でしたが、糸をよく見ると長さ方向にわたって糸径が細太と均一ではありませんから、細い部分を切って通すと容易にできるようになりました。

ミシンの針は手縫い針と比較してやや太く作られていて、針先に穴がある短い針です。戦時中焼夷弾で家を焼かれる以前に、自前の防空壕に格納していた家具にシンガー（アメリカ）製のミシンがありました。戦後の幼少の頃、叔母たちがそのシンガー製のミシンを踏んで裁縫をしていました。聞くところによれば祖母が結婚した明治の後期に輸入品を買い付けたそうで、シンガー製ミシンは大金持ちが買う代物だったそうです。戦災後に郷里に引き上げる際に家具と一緒に搬送したそのミシンの構造を小学生の私はいつもつぶさに観察して、最終的にはボビンの構造と動作を理解することに頭を悩ましていました。針が動くとどうして縫えるのか、なんとか時間をかけて解明しました。

その構造はミシンの針が布地に刺さり糸（上糸）を通し、下糸を格納したボビンを回すと、ボビンの下糸がミシンの針で通した上糸を通して抜けないようにします。これが本縫いという原理で、叔母たちが使わないときに何度も動かしてやっと理解できた瞬間は最高の喜びで小学生なりに興奮しました。

のちのち国産品が多く出回るようになり、シンガー製ミシンの部品が手に入らなくなってしばらくして、昭和40年頃とうとう処分してしまいました。頑丈でしたから、まだ持って大事に使っていたら骨董価値があったかも知れません。

医療用の針として注射針があります。注射針は最近痛くない針が開発されて使用されるようになりました。墨田区の中小企業の岡野鉄工所が薄板のステンレス鋼板をプレスして、外径200㎛、内径80㎛

の針を製造する技術を開発しています。その注射針は蚊の針と同じかそれ以下の細さだから人間の体に刺しても痛くないといいます。ただ医者からは、血液を採取する際にはあまりに細いため管の途中で血液が凝固しやすく、採血用には向かないと聞いています。しかし、無痛注射針は苦痛を伴わないため、注射嫌いの子供にはすばらしい針といえます。

医療用の針としてほかには鍼灸の針があります。数回の経験がありますが初めてのとき、打つ前に見た針は長く、これで体を刺したら大きな痛みを感じると体を硬くして身構えていました。が、治療が進むにつれて体が解きほぐされて気持ちも楽になり、痛みどころか針の効果が体感できました。鍼灸用の針は主に金合金製です。注射針より細く弾力があります。針をツボに打つと、どのような現象で治療できるのか不思議です。

手近な文房具として押しピン（画鋲）があります。掲示板には押しピンを刺して作品や連絡表、お知らせ、ポスターを掲示していました。昔ながらの画鋲の形状は直径10㎜、厚さ0・8㎜の円形の片面中央に直径0・8㎜で長さ0・75㎜の針を付けた真鍮製です。その頃の画鋲は万能でどのような書類でも掲示板に押して止めていました。ただ押し込む力を強く大きくしたときや、永く止めていて真鍮が錆を発したときは、画鋲を取り除くときに取れにくく爪を痛めました。

小学生の頃、悪ふざけに椅子に画鋲を置いて飛び上がった危ない遊びが流行ったことがありました。現在は真鍮製の押しピンは少なくなり、マグネット、ピンの場合でも摘み式ピンなど工夫をこらした形状があります。

ほかにも針は装身具、各種の計器の指針などに使っています。時計の針は指示計としての代表であり、日に数回も読み取ります。アナログ式の計器は一瞬で判別できて、しかもデジタル式より風情を感じるのは私だけでしょうか。

釘とリベット——安全に曲がることが重要

1寸釘、5寸釘と釘のサイズは木造建築の際に今でも尺貫法の寸でいい表すことが多いようです。使用している釘は洋釘です。釘は軟鉄（鉄に含有する炭素量が0・2％程度）の炭素鋼で製造していますが、ステンレス（ニッケル、クロム入り）製もあります。

鉄は一般に炭素の含有量が多くなると強くなります。鉄の含有が少ない軟鉄は軟らかく機械的性質は必ずしも強くないのですが、それでも弱い軟鉄を使用する理由は、軟鉄は靱性（靱り強さ、曲げ、のび）が大きいからです。

私の経験では金槌で釘を打つとき失敗して指を叩いただけでなく、釘をよく曲げました。釘が折れずに曲がることは弱いからですが、同時に靱性が大きいからです。もし靱性が小さかったら、すなわち強いとしたら性質が脆くなります。釘を打つときに靱性が少なく脆いなら、斜めに打つとすぐ折れてしまいますし、折れた破片が飛んで危険です。だから釘は強さを犠牲にして靱性を高めています。

日本では古来、木材や竹材で釘を造っていました。粘土で形成し焼き固めた瓦が出現する前に、こけら葺きという屋根葺きに使用した柾目《まさめ》の薄板を止めた釘は腐りにくく硬い強度を持つ椚《くぬぎ》、楢《なら》、栗、樫《かし》など堅木の材で造った釘でした。その後、日本刀を造る玉鋼の使用が進むにつれて釘の材料にも和鉄を使用するようになりました。これが和釘です。数百年も使用した建造物の補修のために解体して発見した和釘を調査すると、優れた成分と内部の組織であることがわかります。和釘は不純物が少なく良好な鋼だったのです。1本1本鍛造して造った和釘は腐食に強くて現在でも錆《さび》がなく、性能が劣ることはありません。

板だけでなく鉄板を継ぐ役割を果たす機械要素にリベット（鋲）があります。リベットは軟鋼（C量が少なく軟らかい）を使用し、赤くなるほど加熱したあと板と板を重ね合わせて継手を作り、相互に明けた穴にリベットを打ち込み、即座にリベットの底部を叩くと変形して穴径より大きく塑性変形（もとの形に戻らなくなる変形）して取れなくなる原理を応用した締結法です。鉄骨で造った古い鉄橋や鉄塔などはこの方法で締結しています。重ね合わせた板は外力がかかっても外れないようにリベットを何本も打ち、1列、2列と数列並べ、平行あるいは千鳥に打ち付けています。

リベット

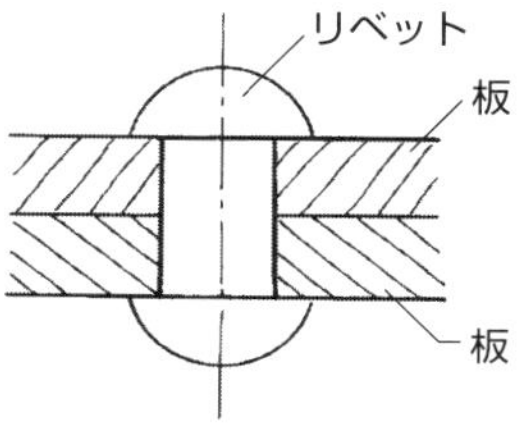

鉄製の船舶は100年以上前からこのリベット工法で製造していました。現在はリベットで締結する工法はまったく見られません。しかし、当時は鉄板を継ぐために現在のような優れた溶接技術が発達していなかったのです。そのような中、歴史上有名なタイタニック号は100年も前にリベット工法で製造された当時の最新の豪華客船でした。初就航の冬の氷海を進むうち、種々の悪条件が重なって氷山に当たってしまう事故が発生しました。その結果、数時間で沈没し多くの人命が失われました。現在、海底に眠るタイタニック号から沈没の原因を探るために種々の痕跡品を拾い上げて科学的な解析を行いました。

沈没の大きな要因の1つはリベットに使用した鋼の品質が劣悪で、靭性が少なく脆い材質であったことが調査により明らかにされています。リベットが脆い材質の場合、締結している板と板の間に剪断力がかかると、リベットがのびる余裕がなく瞬時に破断して船舶の側板がまくれて海水が一気に船内に流入したと考えられています。

リベットに使用する材質は不純物が少なく靱性が大きい性質が必要であり、締結時も穴とリベットに隙間がなくなるように強固に取り付けなければなりません。ＪＩＳで定めたリベット用丸鋼は2種あります。引張強さとのび値を定め、とくに曲げ性では曲げ角度および内側密着性を規定しています。のびの値も25％以上と大きい値です。

第2次世界大戦で雄飛した零式艦上戦闘機にもリベットが使用されています。全金属製の機体はアルミニウム合金のジュラルミンを使用していました。ジュラルミンは軽量ですが、さらに軽さを追求するため外殻を1㎜の薄板で覆いました。この板同士をリベットで締結していたのです。1機のリベット総数は1万本を超えて打っていますから、大変な作業だったと思われます。しかし、リベットの効果は優れ、時速500㎞を超えて急旋回や垂直降下から機体を引き上げるときには、外殻に皺が寄るほど力がかかりましたが、リベットは破断せず充分に耐えています。

釘の仲間に登山家がロッククライミングに使うハーケンがあります。ハーケンとは岩の割れ目に打つ釘のことです。岩にハーケンを打って固定して足がかりを作り、ロープをかけて上を目指すときの補助道具です。このハーケンは小さな釘ですが、登山家の生命がかかっていますから、折れや曲がりがない強靱性が求められます。ハーケンの語彙は鉤《かぎ》を表し、釣り針のかかりと同じ意味になります。ハーケンは登山家の体重だけでなくロープとリュックの重みに耐える強さが必要です。しかも零下の気温でも脆くならず靱性を保つ機械的な性質が必要ですから、炭素鋼にニッケルを含有して低温脆性（低温になるともろくなる性質）を防止しています。

釘を打つときに失敗して曲げたときや、解体などの際に釘を抜く作業時に使用する工具があります。バールです。

　東京小金井市で5代にわたってバールだけを専門に製造販売している有名な「かじ寅」があります。5代目の勝山隆次郎氏が造るバールはもったないいないほど美しい外観であり、静かに奥に秘めた光芒《こうぼう》を放っています。和釘の時代は和釘の頭の形が大きく角形でもあったため、やっとこを使って抜いていましたが、時代が下り一般に洋釘が多く使われるようになるとバールに取って替わりました。バールの材質は炭素鋼を使用し、折れないように硬すぎず曲がらないように炭素量は包丁の半分程度のおよそ0・4〜0・5%の中炭素鋼で、成形したあと焼入れします。

　造られたバールは日本刀のような迫力を持ち、2尺5寸から8寸（76〜85㎝）の全長はしなやかで強靭です。このバールは一面、鋭利な刃物にも見えます。金庫破りの事件現場には、たびたび、かじ寅のバールが残されていた事例があるそうです。強盗も品質の高いバールを好んだのでしょうか。

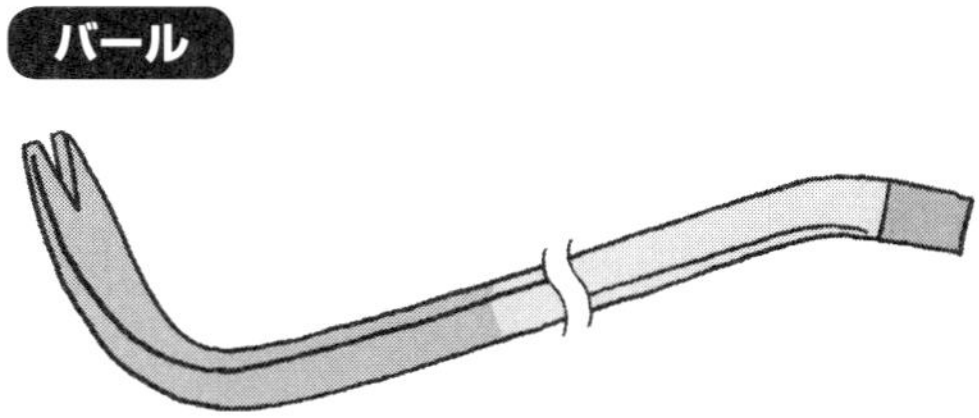

ピッケル――硬くて低温にも耐える

かれこれ20年ほど前、日本経済新聞紙上に「幻のピッケルを求めて」という記事が掲載されました。投稿者は日本高周波鋼業の元常務氏です。新聞の伝えるところによると、同社は戦前から特殊鋼メーカーで、第2次大戦中、日本の名機零戦の主脚を発明しました。高周波電撃精錬法で製造した特殊鋼（合金鋼）を使い、軽量、強靭で、寿命も長い主脚を造り上げました。製造法は砂鉄から鋼を直接造る製法で、不純物が少なく強度が高い鋼であったと聞きます。敗戦後は民需転換のために剃刀《かみそり》、鉈《なた》、ピッケルを製造して販売した経緯がありますが、まもなく朝鮮戦争が勃発したため、特殊鋼の需要が増加しピッケルなどの製造を行う余裕はなくなり生産を止めたそうです。すでに幻になったピッケルは一般には見つかりませんでしたが、早稲田大学山岳部の元部員が所有していることがわかり、それを参考にして同社富山工場で当時の製作法で復元して試作したとあります。

ピッケルは正式にはアイスピッケルといいます。ピッケルは登山の際に杖替わり、あるいは岩や砂礫《されき》にかけてよじ登るために使う道具です。ピッケルが必要な条件は強度が強いこと、靭性が高いこと、耐食性があり、摩耗性にも優れていることです。さらに登山では氷壁を登る際にも使いますから、低温雰囲気にも耐えなければなりません。鋼は一般に低温では脆化して非常に脆くなる性質を持っていますから、極めて折れやすくなります。それに耐える材質を選定し鍛えなければなりません。

先の日本高周波鋼業製のピッケルは材質が明確ではありませんでしたが、戦後某企業でピッケル用に製造したときに選定した鋼は、ＳＮＣＭ９（現ＳＮＣＭ４４７）があります。主要な成分は鉄の他に炭素０・47％、ニッケル１・８％、クロム０・８％、モリブデン０・15～０・３％です。この鋼を使い、繰り返し熱間加工（鍛造）して形状に仕上げたあと、

鋼の温度に対する衝撃値の傾向

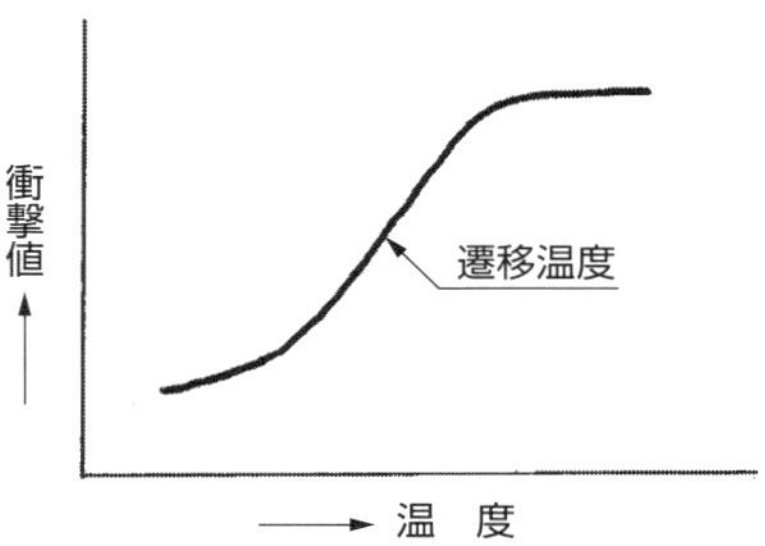

衝撃試験の原理

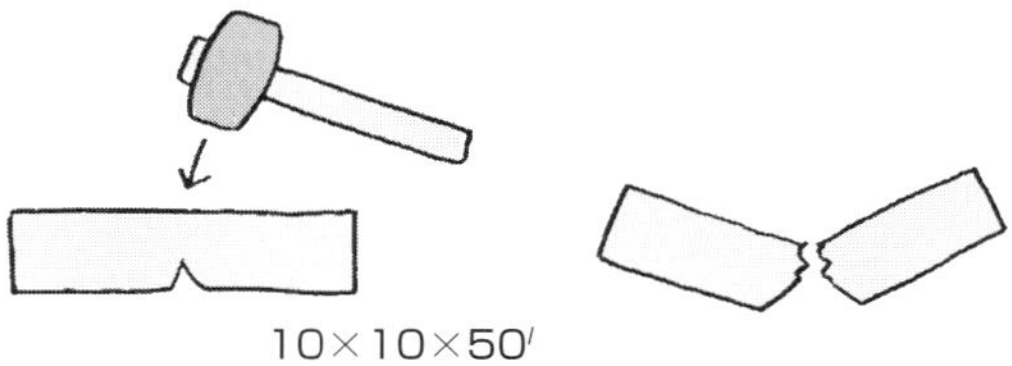

焼入れ焼戻したときの機械的性質をＪＩＳの解説に従ってご紹介します。

焼入れ　：８２０～８７０℃で油冷
焼戻し　：５８０～６８０℃で急冷（水冷）で行ったとき、
引張強さ：１０３０ＭPa以上
のび　　：14％以上
絞り　　：40％以上
衝撃値　：５・９Ｊ／㎠
硬さ　　：３０２～３６８ＨＢ

とされています。この試験で得られる値はＪＩＳに定めた４号試験片という直径25㎜の丸棒を熱処理したあとに切削加工した形状を用いて試験します。

機械的性質を考察すると、まず引張強さが非常に大きいことがわかります。たとえば一般構造用圧延鋼にＳＳ３３０があります。３３０という数字は引張強さを保証した鋼でＭPaを表していますが、１０３０ＭPaはその３倍も強いことになります。引張強さが大きいだけでなく、のびや絞りも大きい値であ

るため靱性に優れて衝撃値も大きいことがわかります。衝撃値とは鋼に衝撃的に一定の荷重（エネルギー）をかけて得られる抵抗値を示しますが、たとえば鋳鉄はほとんど0に近く、3～4あればかなりねばり強い性質を示します。6に近い値はかなり靱性が大きい鋼であることがわかります。

もう1つ有効な性質があります。それは成分に多量のニッケルを含有していることです。鋼は低温になると脆化します。それを防ぐためにはニッケルの添加が有効です。鋼にニッケルをわずかに添加すると脆化する温度（転位温度あるいは遷移温度）が低くなる性質が認められています。よってニッケル入りの鋼は低温に対しても靱性を保つ効果を示します。ニッケルの含有量が1・8%と多いと、登山の低温の周囲条件に対しても脆化を防止することができます。

総じてこの鋼を焼入れ焼戻した機械的性質は強度が大きく、しかも靱性に優れた強靱鋼です。ピッケルの材質にこの鋼種を使用することは、機械的性質の点から極めて有効な選択といえます。

ピッケルにはシャフトをつけますが、良好な材質は硬木の樫が優れ、できればヒッコリーがよいとされています。ヒッコリーは米国やカナダではスキーの板などにも使用していた硬木で、強度が高く耐摩耗に優れています。最近はカーボンファイバーの品質が高くなり、木材の使用は少なくなっています。

冬山登山に豊富な経験を持つ友人に聞いた話では、ピッケルは手触り、使いやすさが重要だといいます。ちょっと手で握ってみてしっくりした感触を与えるピッケルはバランスがよいというのです。そのようなピッケルは岩にしっかり食い込み、しかもシャフトがしなって軽く、柔軟性があるといいます。最終的には材質や製造法より完成したあとの使いやすさが事故を防ぐそうです。

登山家なら一度は手に触れたいといわれる世界最高のピッケルがあります。シャルレ・モンブランガイドといいます。材質など丸秘で不明ですが、ピッケルのヘッドとシャフトの重量比率が絶妙で、誰が使ってもすべての登山家に合うといいます。

ブラシは刷毛を含めて多くの種類があります。まず歯ブラシです。動物園の動物も歯を磨くと歯槽膿漏や虫歯が改善するので、ときどき園内で磨く機会もあるそうです。

馬の歯は成長の模様によって年齢を判定できます。だから馬の年齢の詐称はできないようです。馬の歯は磨いても磨かなくても歯の模様が変わることはなく、よって年齢の判定は変わりませんが、それでも塩を手の平に1盛り掴んでゴシゴシと歯を磨いていました。歯と舌を塩でもんで磨くと馬は気持ちがよいのか、嬉しい表情をします。人間様は電動歯ブラシを使う機会が多くなり、歯周病対策や虫歯予防の効果が上がっています。これらのブラシは化学繊維製が主です。

金属ブラシ――細線に加工しやすい材料

しかし、鋳物品や機械品の表面を清浄化するためには金属ブラシを使用します。金属には真鍮と鋼を使っています。真鍮は亜鉛の合金です。耐食性が良好であり、細線に冷間加工したままで剛性があるためブラシに向いています。亜鉛の含有は多くなれば基地が硬くなる反面、展延性が悪くなります。そのため、細線加工や板材に冷間加工するときは、亜鉛がやや少ない73黄銅（亜鉛30％）が適しています。46黄銅（亜鉛40％）は硬さが高く強くなりますが、加工性能がやや劣るため機械部品や熱交換器部品、バルブ用などに使用します。ブラシは46黄銅の剛性が強くなるため使用上は適していますが、73黄銅の方が細線に加工しやすいということで使用されていると考えられます。

金属ブラシ

冷間加工で造られる金属ブラシの歯

ブラシの鋼は安価な材料であれば中炭素鋼～硬鋼です。冷間加工して細線にします。冷間加工したままであれば加工硬化を受けていますから、剛性が残っています。金属ブラシの用途先は雰囲気や、対象物によって酸化や腐食が生じます。それらに対処するためにはマルテンサイト系ステンレス鋼（13％Cr入り）を焼入れした線材を利用することが品質を確保できます。

ピアノ線——ピアノに使わないピアノ線

ピアノ線とは、ピアノに使う線材ではありません。JISではSWRS記号として規格しています。10数種を規定していますが、炭素量は0・6～0・95%の間に指定しています。線径は5・5～14㎜まで12種あります。機械的性質の規定はありませんが、実態で推し量ると、線径で異なりますが、たとえば0・2㎜では300MPaを超える高張力材もあります。

ピアノ線はPC鋼線、ワイヤーロープ、スチールコードなどに使用する高炭素高張力のワイヤーです。線材は熱間で圧延加工して延ばし、パテンティング処理をして強化し、断面形状が丸、長方形、6角にし、最終工程でコイル状に巻き取ります。パテンティングは鋼を900～1000℃に加熱してオーステナイト組織にしたあと、塩浴（溶融鉛などを使用したマルテンサイト変態より高い温度雰囲気）中に急冷したままで加工すると、微細なパーライトおよびソルバイト組織に変態し、鋼線は靭性が大きくなり高張力を持つようになります。

自動車のタイヤの中には0・3㎜程度の直径を持つ高強度のスチールコードが埋め込まれてタイヤの強度を支えています。同じ用途にコンベア用のベルトがあります。ベルトの中にスチールコードを入れて補強しています。

第2次大戦中、零戦が米空軍のワイルドキャットやヘルキャットより小さい半径で急激に旋回することができ、相手戦闘機の後尾にすばやく張り付き機銃を撃つ能力を持つことができた要因は細線の使用にありました。急旋回するためには垂直尾翼の方向を瞬間に変えなければなりません。しかし、機構的に急激に変えても機体が異常な外力を受けてしまい、失速するかあるいは機体の分解に到ります。その折衷が難しい技術ですが、開発者の堀越二郎氏は機械的にマニュアル操作部分を尾翼方向舵とワイヤーで直接に連結し、しかもワイヤーには破断する一歩手前の小さい強度を持たせ、急激に旋回操作してもワイヤーがのびる性質を利用して、垂直尾翼の方向変化に弾力性を与えることにより機体が受ける抵抗を少なくできるように改善しました。ワイヤーをギリギリの強度にして、のびをうまく使った技術でした。

米軍は墜落した零戦を持ち帰り、細部に渡るまですべて分解して調査したあとでも秘められたこの技術を発見することはできませんでした。

パテンティング方法

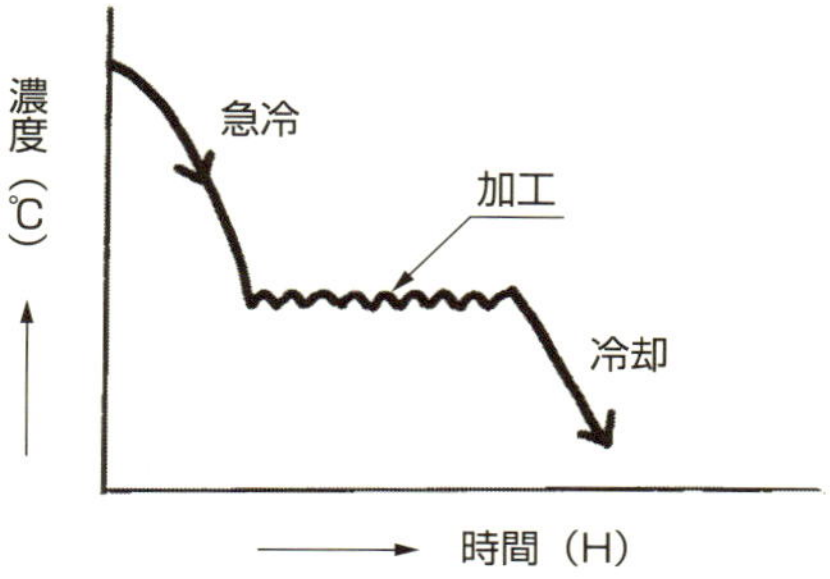

使い捨てカイロ——鉄の酸化を利用

使い捨てカイロは1978年に販売されました。最初はアメリカ陸軍が開発したといわれていますが、旭化成工業が「アッタカサン」として販売し、その後、「ホッカイロ」「ホカロン」などの商品が出てきました。

使い捨てカイロが暖かくなる原理は、鉄分が燃える性質を応用しています。鉄は酸化するとき酸素と化合しますが、そのとき発熱します。これが発熱反応です。酸化が徐々に進むときは発熱がわずかですから、発熱反応を制御するために水、食塩、活性炭、吸水剤を添加調整しています。

使い捨てカイロの優れる点は使用が簡単で安全性があり、安価であることです。火を扱うことがなく、最高に到達する温度はせいぜい80℃で火傷に対しても配慮しています。発熱を継続する時間は、20時間と長く、JISに細かい規定があります。しかも、鉄粉は封を切って初めて酸素に触れるため、袋を密封状態に保っておけば使用前の搬送も簡単です。

鉄粉は製鉄の際に出る副産物です。鉄粉は高炉の炉頂から煙とともに排出し、製鋼や分解工程でも酸化スケールが生じて、従来は役に立たないばかりか公害の元凶でした。しかし、鉄粉は大気汚染の規制が進み、設備の改善と利用の研究が進んだ結果、有効な商品に生まれ変わりました。

鉄粉の応用では現在、漁法にも使われています。それは魚が鉄を好む性質があることを利用し、前もって海上に広範囲に鉄粉を散布すると魚が集合します。そこでトロールして網を引き、魚を回収する漁法です。この漁法を成功した遠因は沈没船の周囲に魚が集まる習性からヒントを得ています。推定すると魚は鉄を体内に取り込んで血液のヘモグロビンの成分維持に役立てるのでしょう。

　同様な現象は貝類にも見られます。三陸海岸で養殖する牡蠣《かき》は山から流れるフルボ酸鉄を栄養分として取り込んでいます。そのため養殖の仕事は山に樹を植えて森を形成する範囲に拡大しています。フルボ酸鉄は鉄の自然な反応によって生じた化合物で水に溶解します。

使い捨てカイロ

空気に触れると鉄分が酸化して発熱する

　携帯して暖を採る方法は江戸時代、あるいはその前からありました。小石を火で炙《あぶ》って加熱したあと布にくるみ懐に入れれば冷えるまで暖がとれました。これは温石《おんじゃく》といいます。小石の替わりに固めた塩を利用することもありました。

　その後、木炭を燃焼する形式が発明され、温度制御に灰を添加しました。桐灰がよいとされました。灰式カイロの誕生です。

　使い捨てカイロは使用後が廃棄物になるため処分に気を付けなければなりません。しかし、昨今この欠点をなくした灰式カイロに類似した「ポケットハンドウォーマー」が販売されています。燃料は木炭粉を成形して固めた棒状で、使うときは端部にマッチで火を点けて（容易に火がつくように端部に可燃材を利用）容器に入れておけば約40℃で12時間は暖かいという優れもので、木炭が燃焼したあとの灰の処分だけで済みます。棒状の木炭は1日1回入れ替えればよく、容器は永く使えますから経済的です。

物干し竿——錆に強く長寿命

物干し竿は昔から真竹を使っていました。街中には竹を売る店があり、大小、長短さまざまな竹を山高く積み上げていました。今では、竹竿に替わり鋼管にビニールを覆ったパイプやステンレス鋼管が主流になっています。

鋼管をさまざまな用途向きに従って規格で定めています。一般的な主な用途をJISから拾ってご紹介しますと、次のような種類があります。

①配管用鋼管

水道用亜鉛メッキ鋼管：水道、給水用

ステンレス鋼サニタリー管：酪農、食品工業用

一般配管用ステンレス鋼鋼管：圧力が低い給水、給湯、排水用圧力が低い

②蒸気、水、油、ガス、空気用

配管用炭素鋼鋼管：圧力が低い給水、給湯、排水用圧力が低い蒸気、水、油、

③ガス、空気用

圧力配管用炭素鋼鋼管：350℃程度以下で使用する圧力用

低温配管用鋼管：氷点以下の配管用

ポリエチレン被覆鋼管：ガス、水、油などの輸送用、地中埋没用

④熱伝達溶鋼管

ボイラ・熱交換器用炭素鋼鋼管：管の内外の熱の授受用

低温熱交換器用鋼管：氷点以下における管内外の熱の授受

鋼管の物干し竿

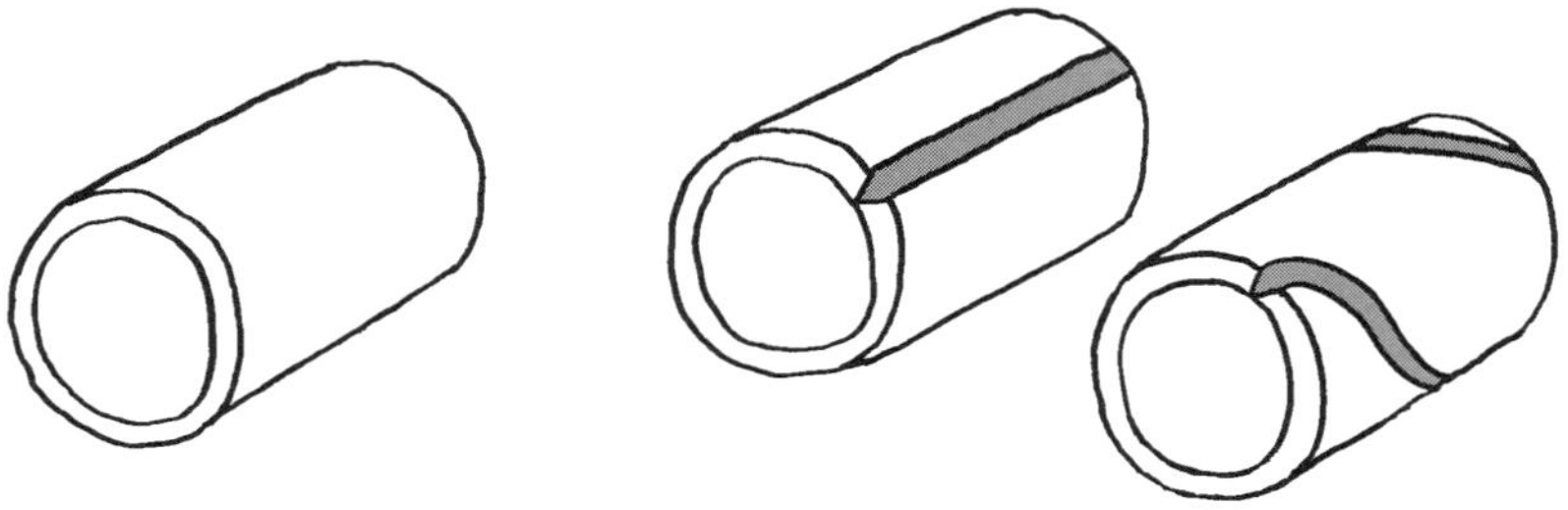

加熱炉用鋼管：石油化学工業の加熱炉における
プロセス流体加熱用

⑤構造用鋼管
一般構造用炭素鋼鋼管：土木、建築、鉄塔、足
場、支柱、地すべり抑止、

⑥その他構造物用
機械構造用合金鋼鋼管：機械、自動車その他の
機械部品用

鉄塔用高張力鋼鋼管：送電鉄塔用

鋼管矢板：土留め、締切り、構造物基礎用

このほかにも用途別にたくさんの規格を制定しています。

物干し竿用はどの種類を使用しているかになりますが、安価で実用性を優先するなら配管用鋼管の炭素鋼管であれば充分ですが、メッキ被覆した水道用鋼管でも構いません。しかし、耐食寿命と清潔さを考慮すれば一般配管用ステンレス鋼鋼管です。

鋼管は現在、継ぎ目のない形式が多く出回っています。この製造法はドイツのマンネスマン社が発明しました。マンネスマン法は加熱した鋼塊にマンドレル（芯棒）を装入して孔を通して明けたあと、次第に孔を拡張しながら圧延する方法です。この製法を開発したあとから継ぎ目なしの鋼管が多量に販売されます。それまでは鋼板を円筒に折り曲げたあとに継ぎ目を溶接して鋼管を作っていました。これが継ぎ目鋼管です。大型鋼管は現在でも溶接して製造しています。

鋼管は身の回りでも至る所で使用されています。学校の椅子と机は鋼管構造で、パイプ机と称しています。工場での製造方法は多くの工程がロボットを採り入れて無人化し、組立も省力化して製造しています。パイプ机の製造企業は中国に進出して逆輸入をしています。

鋼管の曲げは治具を使って冷間で一瞬にして加工していますが、一般にパイプの曲げ加工は難しい技能でした。それは鋼管を曲げると屈曲部が平たく凹み、断面の真円を維持できないためでした。それを回避する方法は鋼管の中に砂を充填して曲げると、鋼管が押し潰れなくなり凹みを回避できます。砂は乾燥して粒度を揃え大きさを決めなければなりません。曲げたあとは砂を抜き取ります。

バケツとトタン――鉄に膜を作る

バケツはポリエチレン製を多用するようになり、鉄板製のバケツは少なくなりました。材料はトタンと同じ鉄板です。この鉄板は圧延した軟鋼の板に亜鉛を被覆しています。純亜鉛は420℃で溶融しますから、この亜鉛浴に鉄板をドブ浸けすると表面に亜鉛が被覆されます。こうして作った板がトタンで、安価に製造することができ、耐食性が増します。

水に触れるバケツに銹がつきやすいのと同様に、トタン板は屋根や塀など外回りで使用する機会が多くなるため、耐候性が必要です。耐候性とは風雨にさらされる気候条件における抵抗性を示す項目で、耐食量、酸化量、経年による機械的性質などを測定して評価します。

鉄板に亜鉛を被覆すると鉄は電位が亜鉛より貴であるため、鉄が腐食する前に亜鉛が腐食します。亜鉛が腐食したあとに鉄の腐食が進むことになります。

バケツやトタンの板は溶融亜鉛メッキ鋼板および鋼帯でJISに規定し、記号はSGCです。JIS規定の項目で重要な品質はメッキしたあとの表面仕上げです。その仕上げ法を規定しています。次はメッキの付着量です。メッキ付着量は耐候性の重要な数値を示しますから、最少厚さ、平均付着量などを細かく定めています。さらに加工時の機械的性質です。曲げは角度が180度のときの板の曲げ数、また引張強さとのび値を厳密に規定しています。

標準の板厚は、0・4、0・5、――6・0㎜まで準備されています。板の幅と長さは一般構造用圧延鋼と同様な標準数値で示します。多くはサブロクとか、ゴトウなどと称しますが、この数字は現場的に尺でいい表していて、サブロクとは3尺幅（914㎜）、長さが6尺（1829㎜）です。この鋼板は板幅が762から最大1829㎜まで、板長さは1829～3658㎜までを標準化しています。

トタンは屋根に多く使用し最近はカラーが多くなりました。とくに東北や北陸地方が多く見られます。雪がすべり落ちやすくなるようにトタン板がよいという理由もあります。ただトタン板は瓦に比較して

トタン製のバケツ

溶融亜鉛メッキが施されているため腐食に強い

太陽の入熱が伝わりやすく屋根下が加熱されると同時に、冬場は冷気により冷える欠点があります。

トタンと同様にドブ浸け製造法で作った缶詰の缶は被覆金属が錫です。錫は鉄より貴ですから、鉄の腐食が先に進みますが、内外部は錫で鉄をすべて被覆しています。

このように金属、非金属を溶融して塩浴とし、鉄板を浸積して表面を被覆あるいは表面部に化合物を形成することが行われています。アルミニウムはカロライジングといい、表面の耐食性が増します。シリコンはシリコナイジングといい、耐熱性を改善します。ボロンも同様で、ボロナイジングです。これは厨房の鍋、フライパンにコートしていますから焼付きを防止できます。劣化したら再被覆でき、再処理を行う業者があります。クロムはクロマイジングです。耐食と耐熱性が付与できます。

このように鉄板にドブ漬けして被覆する方法は電気メッキに比較して経費が安くでき、有効です。

金属製の浴槽――ステンレスを深絞り

浴槽は金属製、琺瑯製《ほうろうせい》、樹脂製、プラスチック製などがあります。前者2形式は鉄板を深絞り加工してモノコック（単一型の一体物）に形状を成型した形式です。すなわち深絞りの工程は、鋼板を金型のダイ（下型）の上面に平面に置いたあと、上方から浴槽の内部形状の上型（ポンチ）を下ろして鋼板をダイに押し込みます。金型のポンチとダイは合わせたとき鋼板の厚さの間隙で停まりますが、このとき鋼板は浴槽の形状に冷間加工されます。簡単にいえば金型間でペッシャンコにして形を作ります。

金属製の浴槽はステンレス製を多く使っています。ステンレスはオーステナイト系型といい鉄にニッケルを8%、クロムを18%添加した高合金で、含有数字を利用して18―8鋼と呼んでいます。オーステナイト系ステンレス鋼は組織が常温でオーステナイトであり、一般の鋼に比較して結晶構造がまったく異なります。性質は硬さがやや低く、その替わりに靭性が大きいので冷間加工に適していて深絞りも可能です。だから薄板は容易に金型で塑性変形できますから、浴槽の成形は一体物で可能です。

この鋼を使用する理由は耐食性に優れるからです。ただ耐食性はすべての酸やアルカリに耐える万能性を持っていません。酸の種類や耐食の条件により腐食しますが、浴槽に使用する場合は何ら不都合ありません。

ステンレス鋼はほかにも種類があります。フェライト系ステンレス鋼というニッケルを含まず、クロムだけ添加した合金鋼です。この鋼は基地がフェラ

ステンレス製の浴槽

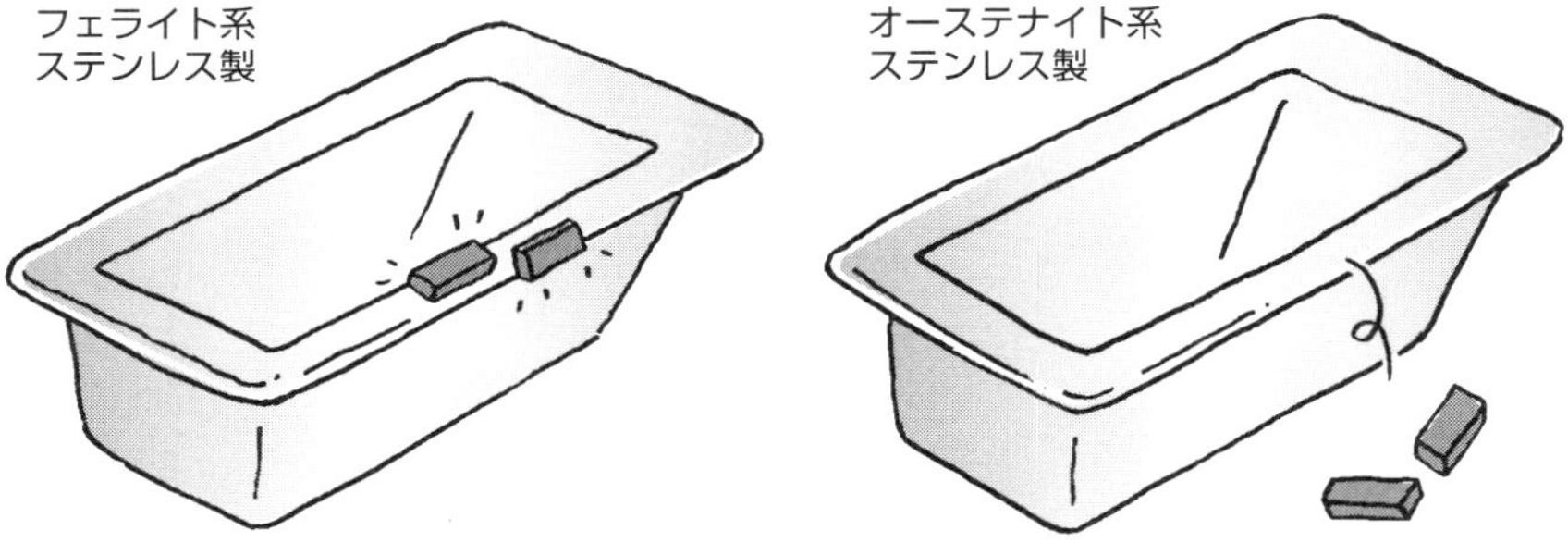

イト組織で、オーステナイト系ステンレス鋼より軟らかく靭性に優れて、耐食性があります。しかし、ニッケルを含有していないため、比較すると耐食性はオーステナイト系ステンレス鋼が優れています。一般に冷間加工して薄板をタンクのライニングなど化学用機器や食品機器に使用する機会が多くなります。

時折、新聞のチラシにユニットバスの宣伝広告紙が入ってくることがあります。「皆様にはいつもお世話になっているからお返しに、普通は数十万円のユニットバスを今回の記念に限り、数万円に出血サービスする」という文言です。希望者がソレッと飛びつくようにうまく誘導しています。

でもここで上記にご説明した内容を考えてみてください。耐食性と機械的性質はオーステナイト系ステンレス鋼が優れています。だから今回宣伝しているユニットバスはどちらの材料で製造したものか、疑問を持つ必要があります。

オーステナイト系ステンレス鋼とフェライト系ス

テンレス鋼は見た目に差異がありません。営業マンに聞いても多分知らないはずです。サービス品は品質がよく安いというだけでしょう。ここで違いを比べる方法があります。この2つの材料は磁性に差があるのです。オーステナイト系ステンレス鋼は非磁性ですから、磁石がくっつきません。販売店に小さい磁石を持って行き比べてみたらすぐわかります。おそらく大安売りの浴槽はフェライト系ステンレス鋼で造った当たり前の価格と品質でしょう。

ステンレス鋼は耐食性に優れていますが、墓標には石を使います。ステンレス鋼が万能ではないからですし、石を使用することが字を刻み、風雨など天災地変の耐候性に対して都合がよいからです。ステンレスに勝るとも劣らない金属もあります。アルミニウム合金やチタン合金です。

蹄鉄——馬の爪を保護する鉄

セントルイス、シンザン、ミスターシービー、シンボリルドルフ、ナリタブライアン、ディープインパクトと聞けば競馬好きの方なら心躍るほどときめきを感じられるでしょう。この6頭は日本の三冠馬ですね。彗星のように地方から中央競馬界に駆け上がったハイセイコーも素晴らしい名馬でした。

ところで馬は足に蹄鉄《ていてつ》を履いています。馬の蹄《ひづめ》は硬くて土砂、岩やコンクリート上でも歩けますが人間の指と同じく爪があり摩耗します。蹄の底部の痛み防止と保護のために鉄を履かせたもの、それが蹄鉄です。ディープインパクトはとくに蹄が弱かったため、特殊で軽い化成品の蹄鉄を履いていました。

馬に蹄は固有の形状を持っていますから既製品では合いません。1頭の両蹄に合わせて形を写し取り蹄鉄を造ります。蹄鉄の材質は軟鋼で、蹄に合わせて丁寧に形状を鍛造して造り上げます。蹄鉄の寿命は摩耗との関係で厚さが決まります。厚くなるとその分重くなりますから限界があります。蹄は円周360℃のうち蹄がある範囲が約280℃であり、円周の中央部に蹄に合わせてわずかな突起をつけます。この突起は蹄を蹄鉄と合わせる位置決めと、前後移動のストッパーの役割があります。さらに蹄鉄は幅のほぼ中央に釘穴を数個にわたって1列に明けます。釘を打つゾーンは円周に窪みをつけておきますが、これは釘の頭を沈ませて地面と直接に接触させないためです。

できあがった蹄鉄を蹄に打つ方法は、馬の片足を折り曲げて蹄の下面を上に上げておき、まず蹄を力ッターできれいに切り取った（爪切り作業）あと、蹄鉄を蹄に合わせて履かせます。この状態で蹄に下面側から上に向かって釘を打ちます。釘は角頭（釘が回転しないように四角形にした）の形状を持った軟鋼です。硬鋼（炭素量が0・5%以上など）を使用すると摩耗が少なくなります。硬鋼は脆くて割れる恐れがあり危険です。

角頭を選定する理由は角の一辺の寸法を窪みの幅に合わせ、釘が衝撃で回転しないように固定するためです。釘を打ち込んで蹄から上にはみ出した釘は、先端を折り曲げて固定し、適当な長さで切り取ります。今では、釘の寸法は蹄と蹄鉄の厚さに合うように前もって測っておいて釘を打ちます。

こうして蹄鉄を履いた馬は日数が経つと蹄が伸びるとともに、蹄鉄も摩耗するため、その度に釘を抜き蹄鉄を外して爪切りを行い、蹄鉄を合わせて履かせます。蹄鉄が摩耗したら早めに交換します。早めに交換する理由は蹄鉄が割れて蹄を傷めるからです。

競走馬は調教して単純に走るだけかと思うかも知れませんが、馬の手入れには非常に神経を使って丁寧な世話をしなければなりません。蹄鉄造りと馬に合わせて履かせる作業を行う装蹄師にも永年の経験と熟練の匠の技があるのです。

馬の脚に蹄鉄を付ける装蹄師

鉄条網——特定地域の侵入防止の策

鉄条網をしげしげと見ると、いつも誰がこんなものを造ったのだろうと感心するだけでなく、鉄条網が排他的で決して内に入れない防御の完璧さを感じます。鉄条網は歴史上、イギリスが初めて南アフリカのボーア戦争の際に使用して兵の侵入を確実に止めたとされ、銃器の補助材として優れた効果を果たしていますが、農耕民族の日本人から見ると西欧人の獰猛《どうもう》さを感じます。

日本では鉄条網という呼び方が一般的ですが有刺鉄線とも称し、正式にはバーブドワイヤーといいます。バーブ（Barb）とは釣り針や矢じりの顎《あご》、鉤、かえり、かかり、逆棘《さかとげ》を指します。

バーブドワイヤーは軟鋼を使用して1・6〜2・9㎜の細線を加工します。製造の手順は最初にバーブドワイヤーに装着するとげを製造しますが、とげは刃先の角度を30〜45度に精密に切断します。とげの目的は相手に刺さることですから、とげの形状、とげの角度、配置するピッチが重要な仕様になります。次に、とげを細線にピッチが一定に均等になるように配置して巻き付けたあとに、長い2本の細線をより合わせて長いワイヤーとし、そのあと亜鉛浴にどぶ浸けして耐食性を持たせます。亜鉛は亜鉛塗りのトタン板と同じように、鉄が腐食する前に亜鉛が先に酸化していき、鉄の腐食を防止してくれます。バーブドワイヤーも同じく亜鉛が内部の鉄の酸化を防止してくれます。

鉄条網が優れた効果を発揮した事例は戦争です。日本陸軍が日露戦争で旅順の203高地を攻撃した際、日本の将兵は甚大な損害を生じました。露陣営はトーチカや機関砲の前に幅広く長い鉄条網を延々と張り巡らして陣地を守っていたからです。日本兵は為す術がなかったのですが、この防御ラインを突破しなければ要塞破壊ができず攻撃になりません。そこで取り得たわずかな方法は爆弾筒で爆破することで、投げても届かないところに鉄条網が立ちふさがっていて、近づくたびに兵が撃ち倒されてしまいます。それでも匍匐《ほふく》前進して辿り着き、鋏で1本1本切るかあるいは1人の兵が犠牲になって体ごと有刺鉄線上に倒れかかりワイヤーを押し下げて隙間を作り、その間に別の兵が侵入するという兵法を採用しました。が、それでも限度がありました。兵が鉄条網まで辿り着くことはわずかな確率であり極めて困難でしたが、それでも1人1人が弾雨の中でペンチを使い切断する作業を行ったのです。

鉄条網

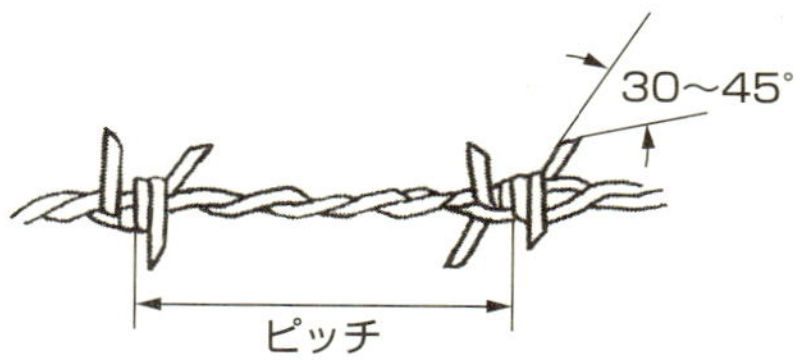

　鉄条網を大々的に採用した戦争は第1次世界大戦です。兵は塹壕を掘り下げて身を潜り込ませ銃眼だけを地上に出す戦法であり、塹壕《ざんごう》の前に鉄条網のラインを設けると、敵はそこを突破するために難儀しました。戦車の開発によりて初めてラインを突破することが容易になりましたが、そのような戦法が大戦において各所に採用されました。

　現在、鉄条網を使用した現場は工事中の進入禁止や、酪農場の囲いなどに見られます。山間の鳥獣の侵入防止に用いられた例では通電して効果を倍加することもあります。いずれにしても鉄条網は遮断の働きが目的です。

初期の鉄砲――銃身をつくる技術

古くは、鉄砲は飛び道具といっていました。鉄砲と日本の関わりかたでは、すでに元寇の時代に火薬を使用した類似の武器が見られていますが、ご存じのように現在の形は1543年に、ポルトガル人によって種子島に伝来したとされます。そのため、当時は鉄砲のことを種子島あるいは、種子島銃と呼んでいました。

最初の鉄砲は火縄銃です。構造は引き金（トリガー）を引いたとき、火が付いた縄が落下して口薬（火薬の一種）に引火して玉薬《たまぐすり》まで燃えていき、装填した火薬が燃焼（爆発）し、その勢いで玉（鉛）を発射する仕掛けです。引き金を引いて玉が発射するまでわずかに時間的な遅速が生じます。

筒は通し孔を設けた滑面であるため、玉が飛ぶ距離は短く、命中精度は低位でした。また火縄は雨に濡れると消えるため、雨水の防護が必要でした。しかし、火縄銃であっても、遠くの敵兵を倒すという利点を持っているため、戦国大名は競って鉄砲の生産を奨励しました。戦国時代の和泉堺、紀州根来、近江国友が主要な生産地で、織田信長は長篠の戦いにおいて鉄砲隊を3段に構えて武田軍勢を撃破しました。3段構えは筒内の掃除、玉の装填（筒の先から込める）の作業があり、火縄を引いて玉が発射されるまでに時間がかかるため、その間隙を埋めて絶え間なく連射できるようにしたピッチ戦法でした。そのピッチ時間は熟練者でおよそ20秒だとされています。命中精度を保つことができる距離は約15間（27ｍ）で、飛距離は約30間でした。

火薬に使う硝石の掘削も各地で行われています。人間の尿を利用して硝石を作る研究も行っています。豊臣時代は世界に冠たる鉄砲所有国になり、朝鮮へ出兵した戦役では現地に大きい打撃と破壊を加えています。

しかし、江戸時代に到ると鉄砲の規制が厳しくなり、製造や使用も簡単にできなくなったところに、鎖国政策が追い打ちをかけたため、長い間技術的な改良は中断してしまいます。しかし、幕府の権力の衰退とともに有力大名の間では極秘に鉄砲の改良が行われています。

鉄砲の長い銃身はどのようにして製造したのでしょうか。戦国時代から徳川時代を通して鉄の長孔を切削加工する工作機械は存在していません。穴を明ける道具がないままに、手作業で掘削することもできません。そこに日本人の資質の豊かさに加えて、たゆまない技能の錬磨と努力があったのです。日本では日本刀を製造する技術を持っていました。だから長い銃身を鍛造して作ることは容易でした。

その方法を想像すると、刀身の円周を幅とし銃身を長さとした長四角の帯状に薄板を切り取ります。それを銃身の孔よりやや小さい銃身長さの丸鋼に巻き付ければ、粗くても銃身の形ができあがります。あとは合わせ部分を鍛接し、孔は得たい直径寸法になるように順次心棒を取り替えて鍛造していきます。これで穴が明いた銃身が完成します。製作原理は秋田のきりたんぽを作る方法と同じです。しかし、こ

鉄砲の作り方

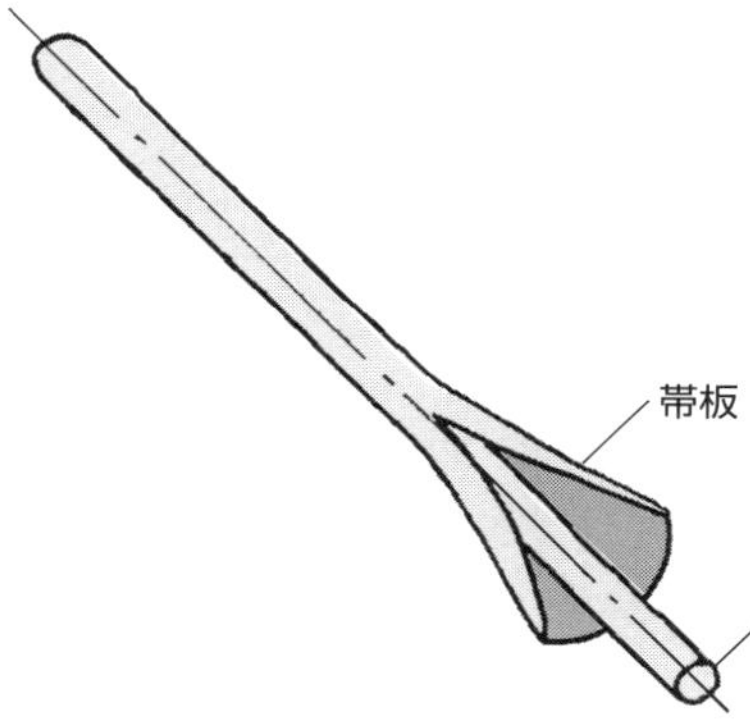

の方法は銃身内に螺旋状の溝（ライフリング）を掘ることができません。銃身内の螺旋を施条《しじょう》といい、弾丸は溝で螺旋に回転運度を与えられて直進し、遠距離を飛ぶようになります。その後、銃身内にこの加工もできるようになり、同時に込める玉が球から現在の弾丸の形状に変ってから威力を倍加するようになります。

火縄銃を改良した初期の銃がゲベール銃です。射程距離は１００～３００ｍ。１６７０年代フランスで開発され銃孔は滑面です。発火装置を火縄から打撃式に改良し、日本では幕末期に大量に輸入されています。輸入ができた理由の１つに、ヨーロッパで螺旋式のミニエー銃を使用するようになったため多量の在庫を処分する意味もありました。薩摩藩と長州藩および幕府が採用していましたが、前者の両藩は早くから後述するミニエー銃やスナイドル銃に切り替えていましたから、幕府の戦力より常に１歩先を進んでいました。

ミニエー銃は１８５０年頃フランス陸軍が開発しました。従来のゲベール銃が基礎になりますが、銃身内にライフリングを加工し、弾丸を現在のどんぐり（椎の実）形に変え、銃身上に照準を取り付けました。どんぐり弾は鉛製で円周に溝を加工して油脂を入れ、爆力のシール性能を高め、底面は凹型に加工しコルクを埋めていました。弾丸の直径は銃口よりやや小さくして弾込めをやりやすくし、爆薬が爆発したとき底部の直径が広がって銃身の孔径に密着して爆圧の漏れをなくしていました。このため射程距離はおよそ７００～８００ｍと驚異的にのびています。

坂本龍馬が数百丁を買い付けして蒸気船「いろは丸」で運搬したといわれる銃がこれです。しかし、いろは丸は紀州藩の明光丸と衝突し沈没してしまいます。２００６年に沈没したいろは丸の調査がされますが、龍馬が主張したミニエー銃などは見つかっていません。また龍馬率いる亀山社中が薩摩藩の名義でグラバー商会からゲベール銃を３０００挺、ミニエー銃を４３００挺買い付けし、長州藩へ売却したことが後の薩長同盟の要因にもなっています。

　スナイドル銃は弾丸を銃身に後込めするタイプです。イギリス陸軍が開発し、明治の陸軍も初めから採択した新式銃でした。この銃の形は現在の姿に近似し、銃身の後部を切断して銃尾装置を取り付けています。後込め式ですから極めて使いやすくなりました。性能は有効射程で約９００ｍです。ただし装填弾丸数は都度1個で単発です。日本では官軍が戊辰戦争で使っています。

　西南戦争時で、薩摩西郷軍ではスナイドル銃は量が不足しましたから、主にミニエー銃を使用していました。その後の日清戦争ではスナイドル銃が中心でしたが、それ以降は村田銃が国産品として使用されていきます。性能がよい銃をもつ国あるいは軍隊が相手を凌駕することになります。

　司馬遼太郎著の「花神」では大村益次郎の生涯を兵器使用との関連で表していますし、「翔ぶが如く」では西郷隆盛が起こした西南戦争で当時使用した銃を克明に書いていますから、実戦における使用や威力の大きさが参考になります。

　日本では銃の使用規制が厳しいので一般に使用することは少なく、製造もわずかですが、高知県南国市に立地するミロク製作所は、ライフル銃のメーカーです。ここでは中ぐり盤（穴ぐりできる工作機械）を使用して長孔を精度よく加工する技術を持っていますから、猟用や自衛隊で使用する銃を生産しています。

鉄兜——頭部を守る鉄

「鉄兜」といえば戦争を思い出します。鉄兜は頭を防護する帽子で、現在では正式な定義は「鉄帽」と称します。ここでは旧来の呼称の鉄兜で進めます。鉄兜は戦争時に敵の攻撃から身を守り、弾丸の貫通や砲の破片などから頭を防御する鉄板を加工して製造しています。

頭は将兵が最も確実に防護しなければならない体の部位ですから、鉄兜の使用は絶対です。激戦により総員玉砕した硫黄島の遺骨がまだ1万2000柱も故国に帰ることなく残っているため、その収集が今でも行われていますが、鉄兜は戦ってやむなく散ったその地に置かれているといいます。

鉄兜といえば頭が堅い人のたとえに使うことがあります。「石部《いしべ》金吉《きんきち》鉄兜《かなかぶと》」といえばその意味になります。鉄兜はそれだけ堅いということを示しています。

兜は古代から使用されています。初期には兵士の頭に合わせた皮で帽子風に使っていました。古代シュメール人やアッシリアの壁画に描いた絵画には革帽子を被る兵士像があります。時代が下ると材質が青銅に変わります。

鉄兜は日本では戦国時代の兜が有名です。戦国大名は煌《きら》びやかな飾りを付けた固有の兜を旗印として被り、身を守るだけでなく兵卒の戦意も昂揚《こうよう》させました。鉄兜は特徴を出した装飾を施していましたから、遠くからでも兜を見ればどの将であるかがすぐわかり、敵も首を取ろうと目印にしたわけです。

各地に残る城内の展示や博物館にある兜を見たり、

日本の第2次大戦の鉄兜

西欧の中世時代の鉄兜

歴史記録を読めば実に多くのさまざまな鉄兜が残っていて、大名が鉄兜に傾注して工夫して作ったことが理解できます。鉄兜は刀や槍で切るあるいは刺すことができないように鍛錬した鉄製で作りましたが、それでもかなりの重量がありましたから、戦いのための動作性が悪くなっています。

鉄兜はあくまで戦争に使う防護品でしたが、日本で軍に正式に採用した時期は遅く皇紀2590年（昭和5年）です。皇紀で書いた意味はこの90を鉄兜の名称にしたためです。すなわち90式鉄兜（数年後に名称を鉄帽に変える）といいますが、通称はあくまで鉄兜です。それまでは独やフランスの軍で使用した鉄兜の形を模倣して数種を使っていましたが、正式な制定ではありませんでした。

鉄兜の材質は鋼にクロム（Cr）とモリブデン（Mo）を含有して靱性を増し、形状は前後左右に対称型です。これは弾丸が貫通する度合いを少なくできるように、外殻の円弧によって貫通を防ぐように配慮しています。板厚は1㎜であれば重さがおよそ

1kgで、おそらく他国の鉄兜の性能と同列になるものでした。鉄兜の内装は鉄板直下にクッション材を入れて内に革張りし、顎紐を付けて、鉄兜の前面に陸海軍の章を付けています。

90式鉄帽は第2次世界大戦まで日本軍の鉄兜として使用されます。しかし、たとえば満州事変時の実戦における90鉄帽の防護結果は小銃弾の貫通がおよそ半分ほど生じ、状況により差異があるとしても必ずしも有効ではなかったようです。これは頭部貫通弾で亡くなった兵士を調査してわかっています。

そこで当時国内の神戸製作所など鉄兜を製造する製鋼メーカーは弾丸が貫通できないように、靱性が大きい鋼の開発が急務である状況にありました。たとえば大同製鋼が開発した現在のSNCM616(旧SNCM26)である低炭素、高ニッケル、クロム、モリブデン鋼は鉄兜用として開発したと聞いています。本鋼は現在も超強靱鋼として使用されていますし、私は大型部材の浸炭用に素晴らしい性能を発揮したため長く使っていました。

新しい鉄兜は皇紀2598年に98鉄帽として正式に制定しています。概要は鉄板を2㎜厚にし、重量を倍増して強化しています。

このように鉄兜は使用する鋼は弾丸の貫通を防止するように材質の靱性を増すために合金元素の含有を高めて強靱にし、しかも軽量化して動作性を高めるように開発して使用しました。

今までは鉄兜の記述ですが、以降は一般的な言葉であるヘルメットをご紹介します。日本の自衛隊では66型鉄帽を使用してきました。このヘルメットは米軍が太平洋戦争と朝鮮戦争で使用した実績があり、自衛隊は米軍から供与された原形を日本人に合うように改良しています。材質は金属ではなく硬質の樹脂で金型成形し、重量は軽くおよそ1・4kgです。

以降改良が進み、現在は88型鉄帽として自衛隊、海上保安庁、警察で使用して今日に至っていますが、金属製ではないためこの項では割愛します。

パチンコの玉——浸炭技術を使って耐久性の高いものに

パチンコの玉は寸法が11㎜、重量5・45gの精緻な真球です。何の変哲もない玉のようですが、JISに厳格に規格を制定し、正式名は遊技球といいます。

遊技球は国家公安委員会が形式や検定の規則を制定しています。そのうち構造に関しては、「遊技球は直径11㎜の玉を用いる」、「遊技球は5・4～5・7グラムの玉を用いる」とし、材質に関しては、「鋼製である」、「均一な材質である」としています。

パチンコ玉の製造は東大阪市の佐藤鉄工が有名です。佐藤鉄工は長い年月に渡り研究を重ねて独自に開発した鋼（浸炭鋼、炭素量0・2％）を使用し、その鋼の細線を専用のボールヘッダーマシンで冷間鍛造して玉を製造しています。

玉は冷間鍛造後に、研磨加工機により表面を清浄化し、球の寸法精度を確保したあと浸炭焼入れします。浸炭深さは1㎜、焼戻しあとに再度表面を精密に磨き、最終工程でクロムメッキすると製造が終了です。浸炭焼入れにより表面硬さが高くなり、メッキするとさらに硬くなるため、耐摩耗性と耐食性を与えられています。もちろん完成前に寸法などの検査を行います。

浸炭焼入れを簡単に説明します。浸炭に使う鋼は浸炭鋼で、表面から炭素が侵入するため、肌焼鋼とも称します。浸炭鋼は含有する炭素量が低く、おおむね0・25％以下です。この鋼はそのまま焼入れしても炭素量が少ないため硬さは高くなりません。そのため鋼の表面から炭素を侵入させます。鋼は焼入れすると、炭素含有量に比例して硬さが増加する性質があります。

それでは最初から高炭素鋼を使えば浸炭する必要もなく、焼入れすれば表面も内部も硬くなり好都合です。しかし、内外すべてが硬くなったときは全体が非常に脆くなるという欠点が残ります。すなわち炭素量が低い鋼に表面から浸炭して焼入れしたときは、内部が低い硬さ、表面が高い硬さになるため、前者は内部の靭性が高くなり、反して後者の表面は非常に硬い状態になります。いわばお菓子の最中と類似した様態になります。外部から荷重がかかったとき表面は強さで応じ、内部がねばり強さで抵抗する役目を果たすことになります。浸炭鋼が低炭素である理由は焼入れしたとき内部に靭性が生じる目的があります。

次に浸炭方法をご紹介します。この方法には固形浸炭、液体浸炭、ガス浸炭があります。１９７０年初頭、筆者は勤務する企業が西ドイツの某大企業と技術提携したため、現地工場で技術習得の実習に明け暮れていました。担当分野は材料および熱処理と歯車加工で、とくに熱処理について新しい設備や得られる品質などを研究しました。そこで実施していた浸炭は固形浸炭でした。当時、すでに企業内で担当する熱処理工場ではガス浸炭で操業していたため、旧式の固形浸炭を初めて見ましたが、環境や作業性の悪さや生産性と効率の低下があり、そのことについて工場長に指摘し、設備の一新が急務であると説きました。工場長は私と同年齢の若い新進気鋭の優秀な技術者で、後日私と昵懇《じっこん》の間柄になりましたが、彼は固形浸炭の品質上の優秀性をとうとうと述べて頑として受け付けませんでした。

固形浸炭は大型の陶製容器内に浸炭する対象物を入れて、その周囲に木炭粉を充填したあと蓋をし、加熱炉で９００～９３０℃に数時間加熱して浸炭します。規定の時間後、加熱炉から陶製容器を取り出して、ほぼ冷却が終了したあと対象物を中から取り出します。この時点で対象物は浸炭しています。あとは浸炭した対象物を焼入炉に装入して加熱保持したあと取り出して急冷します。これが焼入れです。

一連の工程を考えると生産性が悪く、木炭を使用する観点から作業雰囲気が必ずしも良いとはいえないのです。浸炭焼入れ工場は天井が高く、煉瓦作りの古い建物で、照明が暗く、作業者は背が１９０㎝もある屈強な方々で陽気に作業していましたが作業服は木炭で汚れ、顔も煤けていました。

工場長がいうところは固形浸炭が浸炭性の点で良好であるから、今後も使い続けると私に説明しました。が、実のところ、西ドイツも敗戦後の経済復興がまだ遅れていて、某工場も新式の設備導入の資金が不足していたのです。

現地で実習した時期から17年経過したあとに学会に参加した帰途、再度工場長に連絡してデュッセルドルフで再会しました。私との身長差が30㎝もある彼も少し老い、頭には髪はまったくなくなっていましたが、にこやかに迎えてくれ、かつてナポレオンが食事していたという歴史ある有名レストランに案内してくれて、ウンターベルグというドイツ焼酎を酌み交わしました。そのとき彼が白状したことは、例の浸炭方法は早くガス浸炭に切り替えたかったのだけれども資金がなかった。決してドイツ人が頑固ではないことを知って欲しい、と何度も謝りました。それにしてもドイツ人はやはり頑固ですね。

液体浸炭は炭素を含有する化学物質を５５０℃前後で溶融した塩浴中に対象物を浸積して浸炭する方法です。低温だから省エネができますし、浸炭速度

パチンコ玉の反発力

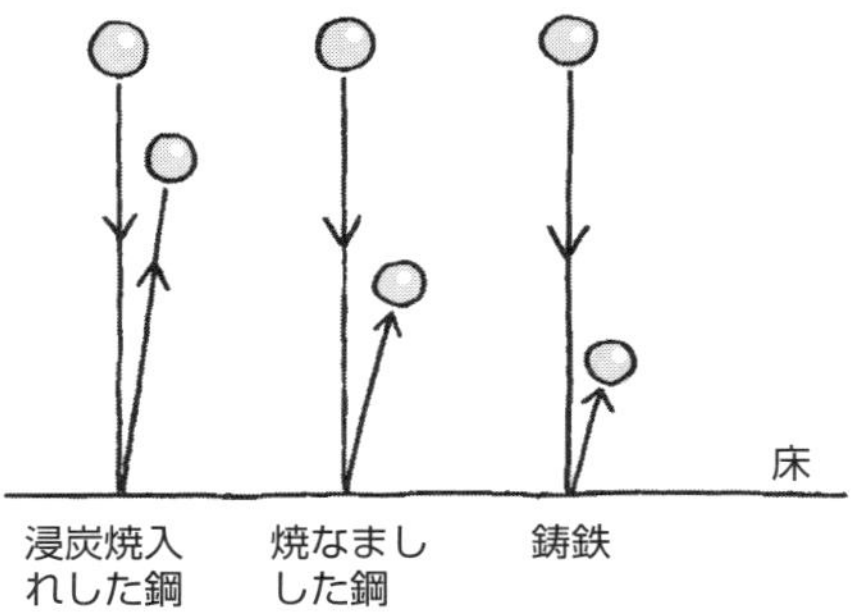

が速くなりますが、廃液の処理に費用がかかります。

多く行われている方法がガス浸炭です。密閉炉に浸炭性のガスを導入して炉内に入れた対象物に浸炭します。浸炭後は焼入炉（浸炭炉を使うことが多い）で加熱して焼入れしますが、最近は浸炭したあと、そのまま炉内で温度を下げて焼入温度に調節したあと焼入れしていますから省エネも進み、生産性が高くなりました。

バッチ式以外に、炉を連続して直線方向に連結して対象物をコンベアで搬送しながら、浸炭、次に焼入れと工程をシリアスに進みながら処理することができます。これが連続浸炭炉です。自動車部品など少種で多量処理を行うときに役に立っています。

佐藤鉄工はおそらくガス浸炭の連続炉で処理していると思います。浸炭焼入れしたパチンコの玉は内部が軟らかくて靱性が高く、表面は非常に硬い性質を持っています。そのため、反発力が大きくなり、釘に当たったときに大きい運動性を持つことになります。たとえばこのパチンコの玉を焼なまして反発を比較すると低下するはずです。実際にパチンコ台で打ってみると孔に入る確率が高くなるかどうか未知ですが。また、比較のためパチンコの玉に鋳鉄を使って試験すると反発が少なくなるでしょう。

音を奏でる金属――音響材料に適する金属

よい音色や、大きさを出す材料は音響材料といいます。音を利用する生活品目はたくさん存在します。

お寺の鐘や教会の鐘、火消し時の半鐘、これらの音は大きく、遠くまで伝わるように作っています。もちろん耐食性や強度、製造のしやすさは前提条件です。

鋼板を叩くとカンカンと甲高い音がしますが、鋳鉄はゴンゴンあるいはドゴンドゴンと鈍く低い音がします。鋳鉄は組織内に黒鉛が存在して音を伝搬しないばかりか吸収する性質があります。反響しません。

音楽用機器は打楽器、吹管楽器、弦楽器の種類に対して音響材料を使用しています。打楽器のうちトライアングルは燐青銅、吹管楽器のフルートは一部に銀や白金、弦楽器のギターでは最近はチタン製があります。

一般に音響材料に適する性質は、

・金属材料自身の内部減衰率が低いこと
・縦弾性係数対密度比が高いこと

の2つがあります。

内部減衰率は音を発生したあと材料自身の内部で吸収する割合をいい、前述の鋳鉄は大きい値です。金属の結晶構造には稠密六方晶があり、本構造を示す金属は一般に内部減衰率が低い性質を持つとされています。チタンは音響に優れる金属であり、原子はこの構造で配列しています。

なお縦弾性係数とはヤング率のことで、弾性範囲内で単位ひずみ当たりに必要な応力値を決める定数

オルゴールの機構

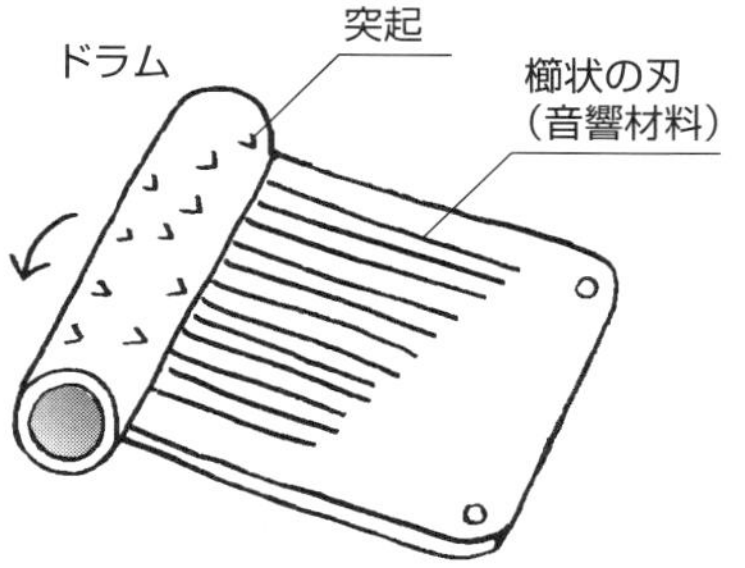

を示します。

縦弾性係数対密度比は計算によって求めることができます。この比が大きい値を持つ金属は、鉄、ステンレス、アルミニウム、チタンです。傾向はアルミニウムやチタンのように軽量で剛性に優れる金属になります。反して小さい比を示す金属は鉛、金、銀があり、銅が追随します。合金では青銅、真鍮が中間的な比を持つため、やや音響効果を持つ材料でしょう。このように2つの性質から音響に優れる材料を予測することが可能です。

風鈴は最近いろいろな材料で作られています。ガラス、磁器のほか、真鍮、青銅、アルミニウムがあります。音響というより材料に特有な音色が心地よく感じられます。

かつてソ連の潜水艦が発するスクリュー回転の音が今までより極度に小さくなる傾向が続いたため、米国艦艇がソ連艦の追尾に困難を生じたことがあります。米国軍がその原因を子細に調査したところ、日本の某機械メーカーがココム違反を犯して共産国に輸出禁止を指定している機械加工機を販売したことがわかり、機械メーカーはその取引の経緯を暴かれ国際的な大事件になりました。機械加工機は3次元加工が可能にする新鋭の精密加工機械でしたが、この機械でスクリューを削り上げれば寸法を高精度に確保でき、加工面の粗さを小さく維持できるため、その結果使用時のスクリュー回転の発生音が極めて小さくなります。ＮＡＴＯはその関係の機械を輸出禁止物品に指定していました。某機械メーカーは経営陣の更迭を余儀なくされ膨大な制裁金の支払いも受けました。潜水艦はスクリューの発生音が固有であるため、音紋を採り入れて分析すると艦名が判別できます。

オルゴールは円筒の外周に突起を作り、鋼製の振動板に櫛状の歯（櫛歯）を設けて接触させると、突起が回転してきたときに歯を跳ね上げ、そのときの振動により音を発生させる構造です。櫛歯は音階に併せて長さを揃えますから正しく音符が奏でられますが、同時に櫛歯は厚さを調整し低温域になるに従って厚くしています。

オルゴールはこれだけでは音が響き渡りません。箱に入れる目的は音響効果を増すためです。外部のケース（殻）が振動をより増長します。ギターやバイオリンも同様にケースの材質の種類、板厚や形状によって、弦が発した音を大きく響かせて拡散し、かつ固有な音色に仕上げています。

ボールペンのばね——戻る力や衝撃吸収

ノック式ボールペンなどの芯を交換するときは分解しますが、そのとき芯を押さえる役割を担うばねが内蔵されています。ボールペンはメーカーによりさまざまな形状がありますから、使用するばねにも違いがあります。ある既製品の形状を詳しく観察すると、寸法は外径4㎜、内径3㎜、解放時の軸方向の長さ12・5㎜、最少収縮長さ4・5㎜、ばねの巻き数は10です。形状があまりにも小さいため若干の寸法差がありますが、線径は0・5㎜になります。

このような微細なばねの製造はどのような方法で行うのでしょうか。ばねですから、弾力を与える必要もあります。

その基本的な製造法は小径の丸鋼を旋盤に掴みます。丸鋼は前もって計算した回転数に合わせて回転し、丸鋼端面に切削工具を当てて設定した切り込みと送り条件で一瞬に切削すると、削られた丸鋼部分が丸まって削り屑状に連続して排出されていきます。この連続した削り屑は切削工具を引いて切り込みを止めたら断続してばねの長さになります。この削り屑はすでにばねの形状を持っていますから、正しいばねの形状の削り屑を得るためには、回転数、切り込み、送りの3つの切削条件を見つけなければなりません。

こうしてできたばねは切削時に冷間加工されて硬化しています。硬化を受けていますから、弾力が付与されています。このままでもばねに必要な弾性力が備わっています。もし硬すぎてばねが効率よく収縮しないときは、硬化を受けた硬さをゆるくするた

さまざまなボールペンのばね

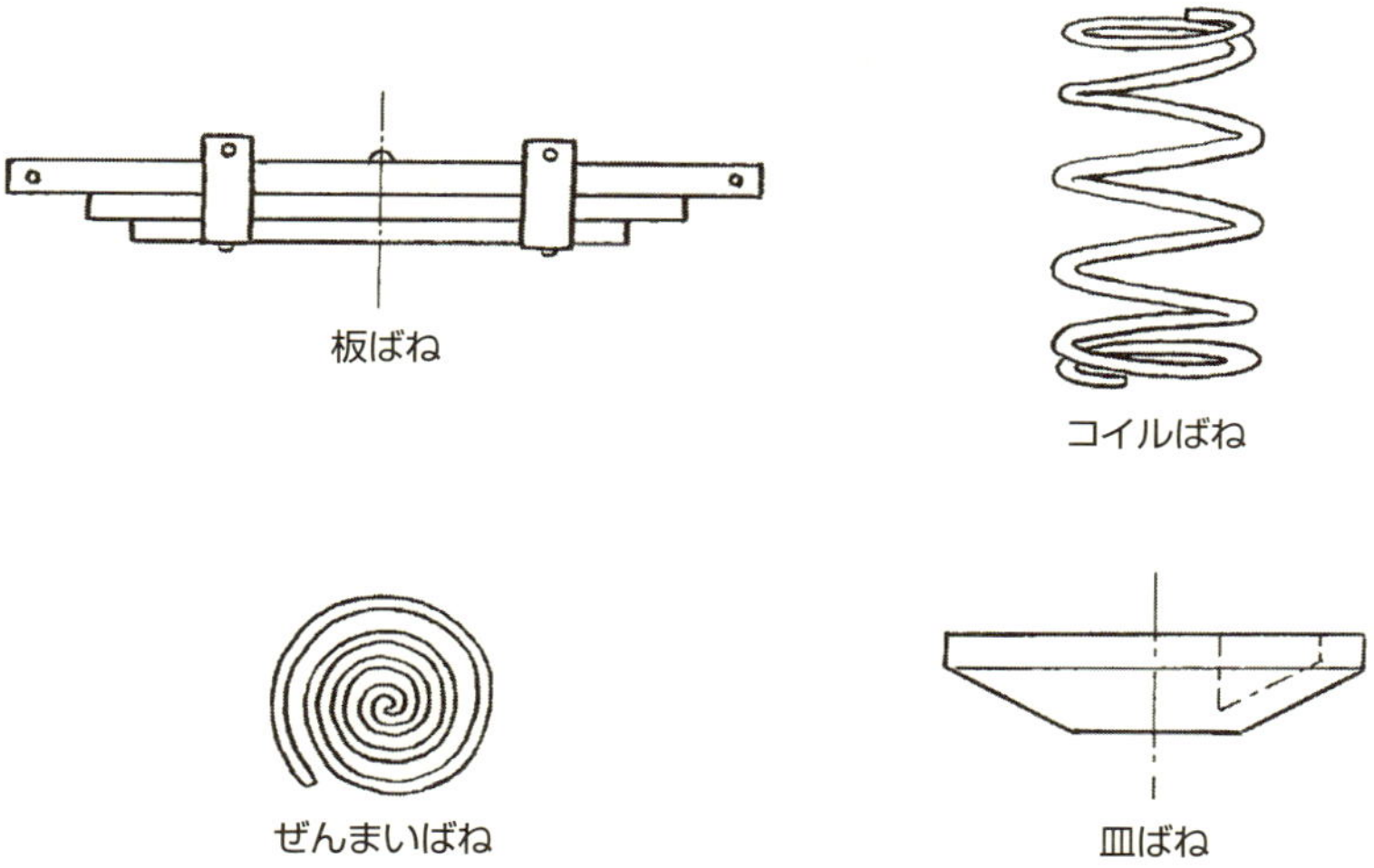

め焼戻しをして300～400℃程度に加熱すれば適正な弾性が生じます。ボールペンのばねはコイルばねです。

このような微少な形状のばねの製造は冷間加工で製造できます。ほかには機械式の腕時計や柱時計内のぜんまいばねがあります。ばねには形状が時計で使う通称ヒゲぜんまいのように平面に巻いた形式があります。蚊取り線香型の渦巻き状のばねです。

ばねには大型品があります。列車の車輪を詳細に観察すると、車輪を支える板ばねを何枚も重ねて車輪が受ける荷重と振動をばねの弾性力で吸収しています。大型トラックの車輪も同様に板ばねです。板ばねは板厚方向の外力を受けますから板を広く、支える支店間を広くし（板の長さが長くなる）、板を厚くしますが、それでも耐荷重が不足し形状に限界があるときは何枚も重ねて対応します。

板ばねは大きい荷重を受け、それを吸収することができる弾性力が必要ですから、分厚い板は炭素鋼（JIS規格で、ばね用炭素鋼）あるいは合金を添加した（同ばね用合金鋼）いずれも高炭素を含有したばね鋼を使用しています。高炭素鋼は焼入れして硬さを増しますが、そのままでは硬すぎて弾性力が少なく、無理に荷重をかけると折れてしまいます。そこで硬さを犠牲にして弾性力（靱性）を増すために、焼入れ後に400～450℃程度で焼戻しを行います。これを専門的にはばね戻しといい、この熱処理によって大きい弾性力を持つようになります。

自動車の普通車は板ばねを使っていません。車の底部を見るとはコイルばねを使用していることがわかります。コイルばねはボールペンのばね形状と同じく、軸方向に数回巻いた形状を示しています。この形状がコイルばねです。コイルばねはコイルの軸方向の外力を受けて弾性を保ちます。板ばねに比較すると耐中加重用です。コイルばねは車輪以外に座席のクッションにも内蔵しています。

ばねは弾性を有すればいいので、ほかにも種々の原理を応用して製造しています。皿ばねはその1つで、皿形に凹みを付けた座金式の形状で荷重を受けます。機械的には最近の軽快自転車やマウンテンバイクに装着しています。たとえば前輪を支えるスポークにガスを内蔵したシリンダーを付けてピストンが受ける荷重をゆるやかにする形式があります。これも1種のばねです。

第2章
機械や建築物の「鉄と鋼」

新幹線の車輪——焼嵌めで車輪と軸をがっちり固定

新幹線の車輪は直径が約90㎝です。車輪の材料には機械構造用炭素鋼のC量が0・45％の太丸材を使用します。太丸材は鍛造で造りますが、まず鍛造方案を策定します。鍛造方案は鍛造して成形するまでの過程を細かく工程別に決めた計画書で、材料の必要寸法も計算して決めます。

材料は方案に沿って太丸材を必要寸法に切断し、マニピュレータ（走行部を持って作業車が運転し、アームと爪で材料をハンドリングする機械で、大型品の取り扱いや高熱下における作業性を高める）を操作して加熱炉に装入します。太丸材は1000℃に加熱したあと引き出して油圧プレスのテーブルに軸を垂直にして置き、上部から据え込み加圧して押し潰します。プレスは油圧式の1000～2000トンの大型機です。この熱間加工により太丸材は扁平型になり、次は円形方向を垂直にして円周を少しずつ加圧しながら真円に近づけていきます。この間軸方向の形の修正も繰り返して行い、車輪の素材を造り上げます。

鍛造後は組織を調整するために焼ならしを行うか、あるいは切削の粗加工後に調質（焼入れ焼戻し）をし、硬さをHs40～50に調整し、最後に仕上げ加工をして完成します。

新幹線の車輪を連結する車軸はC量が0・38％程度の中炭素鋼です。およそ直径が300㎜、重量0・5トンの太丸材を機械加工して仕上げたあと、車輪を焼嵌《やきは》めして締結します。焼嵌めはもちろん締まり嵌め（軸径より穴径が小さい）のために行うため、嵌め合いの締め代（車輪の穴の内径と車軸の外径寸法の重なり寸法）を大きく取り、車輪の穴を加熱して内径寸法を膨張させて拡大したあとにプレスで圧力をかけて車軸を装入します。装入した車輪の穴が冷却したあとは車軸との締まり嵌め代が大きいため強力な嵌め合いになり、常温では外れることはありません。

車輪の断面形状

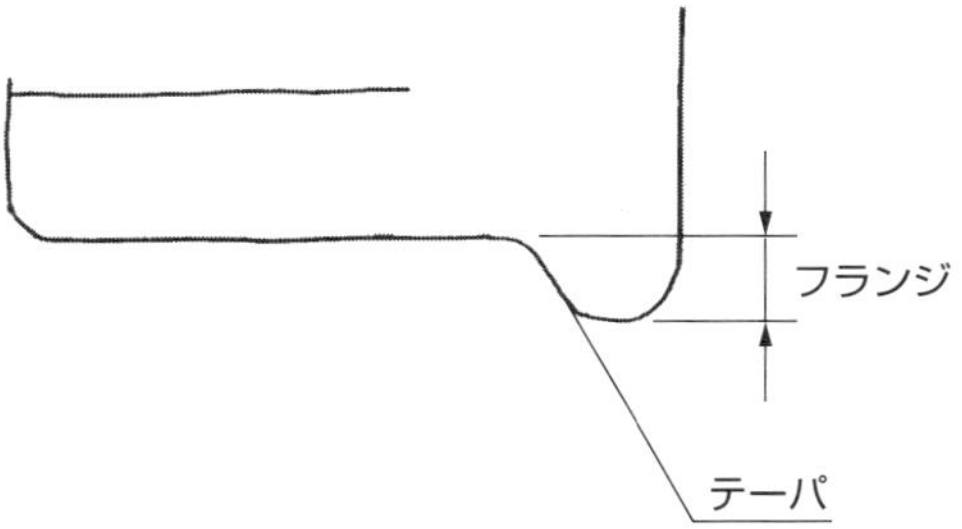

一般機械構造の機械組み立てにおいては、リング材と軸の嵌め合いは多くが中間嵌め（加工寸法により締まりと隙間になるときがある）を採用しています。それは軸と穴を分解して部品の交換をしやすくするためですが、嵌め合いの締め代でトルクを伝達する方式ではなく、キーを介して伝達トルクをキーの対剪断力で持たせています。しかし、新幹線の車軸はキーを使っていません。そうすると新幹線の車輪と車軸は一体物で製造していますから、分解し再組立することはできません。すなわち新幹線の車輪が摩耗したとき、両輪は車軸とともに廃棄するという方策を採っています。

　一般に鉄道に使用する車輪は車体と平行についているため、線路のカーブを曲がるには車輪に工夫が必要です。車輪の踏み面は、断面の形状がテーパを持っています。車輪がカーブにさしかかると列車が遠心力で外側に寄せられます。車輪とレールの接触間には寸法に余裕がありますから、車輪も列車と同じく外側に寄ります。そのとき車輪はテーパに基づいて車輪の直径が小さい踏み面部で走ることになり、レールの曲線の小さい曲率で走行するようになりますから、車輪が曲がったレールを走ることができます。新幹線の車輪の場合も同じです。

新幹線構想はすでに昭和初期から進められていました。その計画は東京からドイツのベルリンまでを連結する壮大な構想です。

すでに日本が統治して成立した満州国では南満州鉄道会社が蒸気機関車特急「あじあ号」を広軌のレール上で、時速130㎞の営業運転で走っていましたから、新計画は時速200㎞で走る超高速の弾丸列車を開発したあと、下関から日本海にトンネルを掘って対馬を経由して朝鮮半島と結び、進出していたシナ（今の中国）を経由してシルクロードに沿って中央アジアを横断し、東ヨーロッパからベルリンに到る長大なゴールドラインでした。蒸気機関を利用する理由は電車の場合に各地点の変電所が攻撃を受けたり爆破されたときの危険予防が基本の考え方でした。すでに国内ではこの時期に新幹線用の用地

蒸気機関車のモデル

の買収を進めていましたから、昭和30年代末の新幹線工事にすぐ使えたのです。

満州国における弾丸列車は2・3mの直径を持つ大動輪を、蒸気機関を使用して分当たり300を超えて回転して高速を得るという技術者の願いであり夢でした。どのようにして製造するかについても知見がありましたし、当時の世界最先端を走る日本の技術力がいかに高いレベルにあったかを知ることができます。

学校の在職中に学生に対して製造技術を修得させるために機械工場で実習を行っていました。製作モデルは蒸気機関車です。真鍮製のタンクを載せて下部からアルコールで燃焼すると、タンク内の水が蒸気に変換して圧を排出します。これで得た力でクランクを動かし、軸を介してフライーホイールを回転し、ゴムで連結した下部の車輪を動かすという構造です。学生1人が週1回3時間の実習で、数週間にわたって1台を造り上げたあと、めいめいが手製の機関車で競争しました。

鉄道のレール――焼入れで硬さを保つ

鉄道レールの規格は独自の方法で、1m長さ当たりの重量で表します。すなわち、30キロレールは1m長さが30kgというわけです。

鉄道レールには30、37、40、50、60キロレールがあります。たとえばJR鉄道各社の在来のローカル線では40キロレールを使い、幹線では50キロレールとアップしています。長さは標準がいずれも25mです。新幹線の線路は当初50キロレールを使用していましたが、その後、60キロレールに交換しています。重量が重いレールは敷設後の精度維持がしやすく、安定していますから、列車の走行もより滑らかになります。

JIS規格によると、普通レールは成分が30キロレールでC0・50～0・70%、37キロレールが0・55～0・70%、50キロレールが0・60～0・75%、60キロレール（一部40、50キロレールも含む）0・63～0・75%の種類があります。総じてレールの材質は高炭素鋼です。また他の不純物は機械構造用鋼に準じて少ない量で管理し、機械的性質に関しても基準を設定しています。

鉄道レールの基準25m長さは製造の限界、搬送、工事、使用時の熱によるレールの伸縮があるためです。しかし、遅い速度で列車が走るとき、継ぎ目を走る車輪の間欠音を明瞭に感じることができます。しかし、新幹線に乗車したときはレールの継ぎ目から発する異音を感じることはありません。それは基準長さのレールを溶接して連結し、超ロングにして付設しているからです。実際は工場内で溶接して2

00m長さにしたレールを運搬車輌で現地に運び、付設する際にさらにそれらを溶接して1kmあるいは2km長さにした超ロングレールを使用しています。国内の最大の長さは青函トンネル内に付設した52・57kmにわたる超超ロングレールがあります。

熱によるレール長さ方向の伸縮の問題は、レールの長さに対して直角方向（横）に移動するように拘束する技術により解決しています。

レールを使用すると車輪との摩擦により相互が摩耗します。互いに高い硬さのとき摩耗は少なくなりますが、いずれどちらかの摩耗量が大きくなり決められた限界を超える時期に交換します。車輪はいつもレールと接触していますから、摩耗がレールより早くなるようですし、どちらが早く摩耗して交換した方がよいか、安全性、交換経費や工事の都合、停止時間などの要素から決めます。

一般に接触して稼働する構造の機械部品は摩耗します。たとえば歯車のうちピニオン（小歯車）とギア（大歯車）の相互の噛み合いの関係を見ると、どちらも同じ硬さであれば歯数が少ないピニオンの歯が噛み合う機会が多くなるため摩耗が早くなります。対策として、設計上はピニオンの歯の硬さをギアより硬くすることが一般的です。

レールと車輪の硬さの関係は、車輪がレールより接触して摩耗する機会が多くなりますが、交換する場合の諸条件を考えて、車輪の踏み面はレール頭頂

硬化層の形状（JIS E 1120）

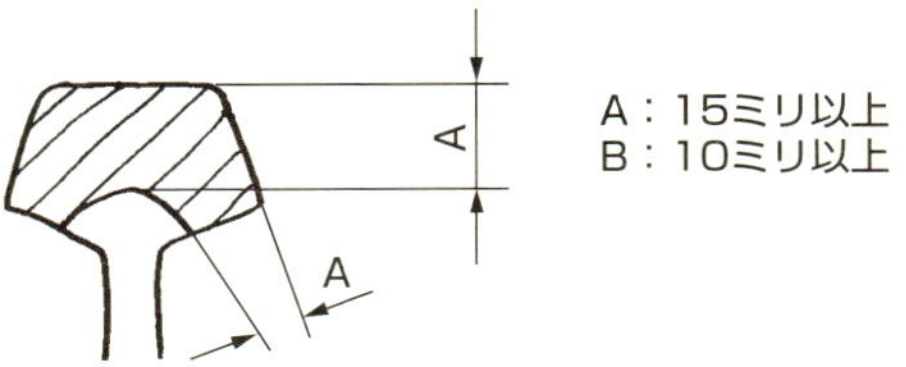

部の硬さよりやや低めにしています。

レール頭頂部の硬さを保つために焼入れを行っています。ＪＩＳに「熱処理レール」の規定があります。その概略を項目ごとにご紹介します。

レール頭頂部の表面硬さはショア硬さでＨｓ47～53またはブリネル硬さでＨＢ３２１～３７５です。

またレール断面の硬化層の形状が定められています。硬化層の形状とはレールの頭頂部を焼入れしたとき、断面を見て内部にどのような深さと範囲で焼入れされているかという定義です。規定ではレール頭頂部は表面から15㎜厚以上の硬化層深さを求められています。

レール断面の硬化層の硬さ分布についても規定があります。硬化層の硬さ分布はレール表面から内部にゆるやかに低下して、硬さの急激な変化および不連続があってはいけないし、ビッカース硬さでＨｖ３９０以上あってはならないとしています。専門的になりますが、かなり厳密な指定であることを理解できます。

レール頭頂部の焼入れは高周波焼入れあるいは炎焼入れによって行います。頭頂部の幅を高周波あるいは炎で加熱しながらそのあとを追いかけて急冷し、長さ方向に移動しながら焼入れします。高周波焼入れは、高周波発生装置とレールの頭頂部に合うコイルが必要です。上記に述べた断面の硬化層の形状は主に周波数で決まり、焼入れの条件とコイルで微調整することができます。炎焼入れは可燃ガス（アセチレンなど）をレールの頭頂部の幅に合わせた特殊火口を使って燃焼して急速加熱し、その後方を冷却水が追随しながら移動して焼入れする方法です。高周波焼入れのような大掛かりな装置は不要です。

２種類の焼入れは温度の計測を含めて熟練した熱処理技能が必要です。

電車のモーターケーシング——C量を低くする難しい鋳鋼

電車は車体下部の車輪近傍にモーターを装備しています。一般の在来線モーターと新幹線用モーターでは、直流と交流の違いがあり、また電圧も異なっていますし、取り付け方法も千差万別です。

在来線に使用する一般の電車のモーターは外部が鋳物品のケーシング（殻、箱）で製造しています。このモーターケーシングは鋳鉄製と鋳鋼製があります。鋳鉄品は製造しやすく安価ですから汎用的ですが、材質が衝撃に対して脆いため、小石が当たると割れる恐れがあり限定的な使用になります。対して鋳鋼は材質が強く靭性も大きいため、過酷な使用に耐えます。

１９５０年代当時、東芝府中から鋳鋼製モーターケーシングの鋳物素材を継続して多量受注し、製造して出荷していました。形状は数種あり、外寸法が直径７００～１４００㎜、軸方向長さが８００～１２００㎜程度で、肉厚が薄く、外壁はフィンも付けている構造もありました。鋼種は普通鋳鋼のＳＣ３７（現ＳＣ３６０相当、Ｃ量０・２％以下）で、とくにＣ成分は指定が厳しく、最大含有量が０・08％でした。

鋳鋼製造者にとってＣ量を０・08％以下に製鋼することはやや難しい技術が必要です。０・08％以下に収めるためには操業時の目標を０・06％としてＣ量の調整を行いますが、Ｃ量が少なくなると炉の操業上、最も危険な酸化が生じます。湯の酸化は製錬と逆の結果になりますから、１回のチャージ６トンがすべて使用不可になり大変な失敗に至ります。鋳鋼製造業でその技術をクリアできるメーカーは多くはありませんでしたから、注文が来ていたのです。

C量を少なくする理由は、含有量が多いとケーシングの鉄損失が多くなり、モーター効率が低下することから、含有量の限界が決められていました。この鋳鋼を吹く（製鋼する）ときは事前に打ち合わせして対策をとり、関係者全員がピリピリしていました。操業時はレードル（取鍋で採取した湯）分析を数回行い、電気炉から出湯時には正確に分析し、確実にC量を制御し最終的に管理していました。

モーターのケーシング

安価で頑強なケース

また完成品は鋳込み時に本体と同時に付属したテストピースを添えて出荷しましたから、客先はテストピースを製品並に分析して受け入れ検査していました。C量は操業時に確実に指定内に収めていましたから、出荷後は何らの心配はありませんでした。電気炉の操業で成分を制御することは経験と技術が必要です。

ある日の夕方、客先から受け入れ検査時に問題を発見し、その量が多いため、直に話し合いたいので鋳造工場の総責任者を出向させて貰いたい、と当社の本店を通して連絡がありました。問題は成分上のことではなく、寸法的な異常だというのです。

寸法上の問題はモーターケーシングの変形でした。肉厚が薄く、内部ががらんどうですから楕円などの形状変化を受けやすいことが原因でした。現場で油圧プレスを操作して曲がり直しを指導して行い、応力を解放する焼なましを施工して解決しました。当時、機械加工部門では最新鋭のマシニングセンター（多軸の数値制御する中ぐり盤）が4面テーブル上にモーターケーシングの素材を載せて無人で加工していた光景に驚嘆しました。

そのときの幸運な話ですが、本店の営業担当者に「翌朝、福岡発の羽田行きの朝一番の飛行機で飛ぶ」と連絡しましたが、私の工場の上司が「今すぐ都内に入って、翌朝早く客先を訪問すべし」と命令が下ったため、私はしぶしぶその日の最終便に乗り都内に泊まりました。翌朝本店に出向くと大騒ぎで、みなが私の顔を見たときは信じられないという顔をしました。その理由は福岡発の羽田行き日航一番機が逆噴射して羽田沖に墜落し、死傷者が出ているという事件が起こっていたからでした…。

クレーンのフック——重さや天候にも耐える能力

クレーンにはさまざまな種類があります。工場の建家内には天井走行クレーン、ジブクレーンを設置し、屋外にはレール軌道上を走るガントリークレーン、自走式ではクレーン車、荷台にクレーンを簡易に取り付けたトラックなどがあります。

これらのクレーンはロープを下げた先端にフックがついています。フックの用途は対象物を吊り上げるときに、容易にロープやベルトを掛けられるようにフックの先が曲っています。ロープやベルトを介して対象物を引き上げるため、重量がすべてフックにかかります。そのため、フックはそのクレーンの能力に示す仕様に耐える強度が必要になります。

フックは吊り上げる対象物の重さ（荷重）に耐えることが安全上最低の必要条件になります。設計に際しては荷重を計算して、それを許容できる材質と形状を決定します。このとき、設計は単純に静止状態で対象物を吊り上げるときの荷重だけではなく、衝撃的に急な吊り上げ吊り下げ、吊り上げているときの横振れに対する荷重、大雨、大風など周囲の環境条件なども加味して安全に配慮しなければなりません。すなわち安全係数としてこれらのさまざまな荷重を大きく見積もる必要があります。

法律上もこのことを定めていて、人命に直接被害がかかる機械器具や部品に関しては安全の余裕を10倍取って設計するように命じています。クレーンのフック以外にも同様な機械部品があります。たとえばエレベータを吊り上げる装置や器具類などもそうです。このような関係部品は一般に保安金物と称し、上記の設計基準を労働安全衛生規則に規定しています。保安金物は新規に製作して使用し始めた以降、寿命がくるまで保守をしないわけではありません。定期的に点検し、材質の回復処置を行います。

フックに使用する材質は大きな靱性が必要です。そこでフックを含めた保安金物は機械構造用炭素鋼を使用し、なかでも低炭素鋼を選択します。JIS記号ではS10C〜S25Cなど、炭素量がおよそ0・25％以下のキルド鋼（製鋼時に脱酸を行った清浄な鋼）です。炭素量が少ない鋼は極めてのび、絞り、衝撃値が大きいため、仕様を超える大荷重や衝撃的な荷重がかかっても突然な剪断《せんだん》（材料の横断面方向にはさみ切ること）に到らず、まず変形するまでに時間的な余裕があります。すなわち靱性が大きい材質であれば仕様を超える荷重に対して、破壊の前にドンドンのびてしまったあとに切れる傾向があります。反して脆い材質であれば、のびる時間に余裕がなく突然破壊に到りますから危険です。保安金物に使用する鋼は単に強いだけであればよいというわけではありません。強さは第1に必要ですが、靱性を持ち併せた強靱鋼の採用が重要です。

設計上の安全の余裕を多く取り、引張強さが低い鋼を使用すると、当然できあがる形状は大きくなりますが、大事故を回避するためにはやむを得ません。

フックを例にして説明しますが、使ううちにフックは荷重を受けて形状の内外に組織の変形が生じます。見た目には変わらなくて、寸法上の逸脱がなくてもミクロ的にはかなりの変形が発生しているのです。そのため材質を初期の原状に回復する必要があります。その方法は装置を1個の部品に分解したあと、それぞれを焼ならしします。この熱処理は部品が加熱中に酸化しないように防止する対策（対象鋼の表面に酸化防止剤を塗布することなど）を採ったあとおよそ880〜900℃に加熱し、内外の温度が均一になるように保持したあと炉から取り出して空気中で自然に冷却します。この焼ならしによって鋼は内部に残っていた応力を解放し、組織を原状に回復してミクロ的な部分の結晶粒を正しく再配列します。保安金物は定期的にこの処理を行い保守しています。

一般に金属は荷重がかかると眼に見えない寸法上の変形が生じます。わかりやすい金属ではアルミニウムがあります。実験はアルミニウムの細いワイヤーに重りを下げて、重りあるいはワイヤーの位置を記録しておきます。荷重（重り）の大きくしていくと、最初アルミニウムワイヤーが少しのびて位置が下に下がりますが、その後は極めてわずかな変化しかありません。しかし、1週間、1カ月と時間を経ると位置がさらに下がっていることがわかります。ワイヤーの引張強さに影響しますが、ある時期に到る前には急激に位置が下がり、終局的に破断します。破断直前は位置が大きく下がっていますから、アルミニウムワイヤーがのびたことがわかります。この実験はクリープ試験といい、縦軸に変化する距離、横軸に時間をとり、図に表すことができます。これがクリープ曲線です。

クリープ試験

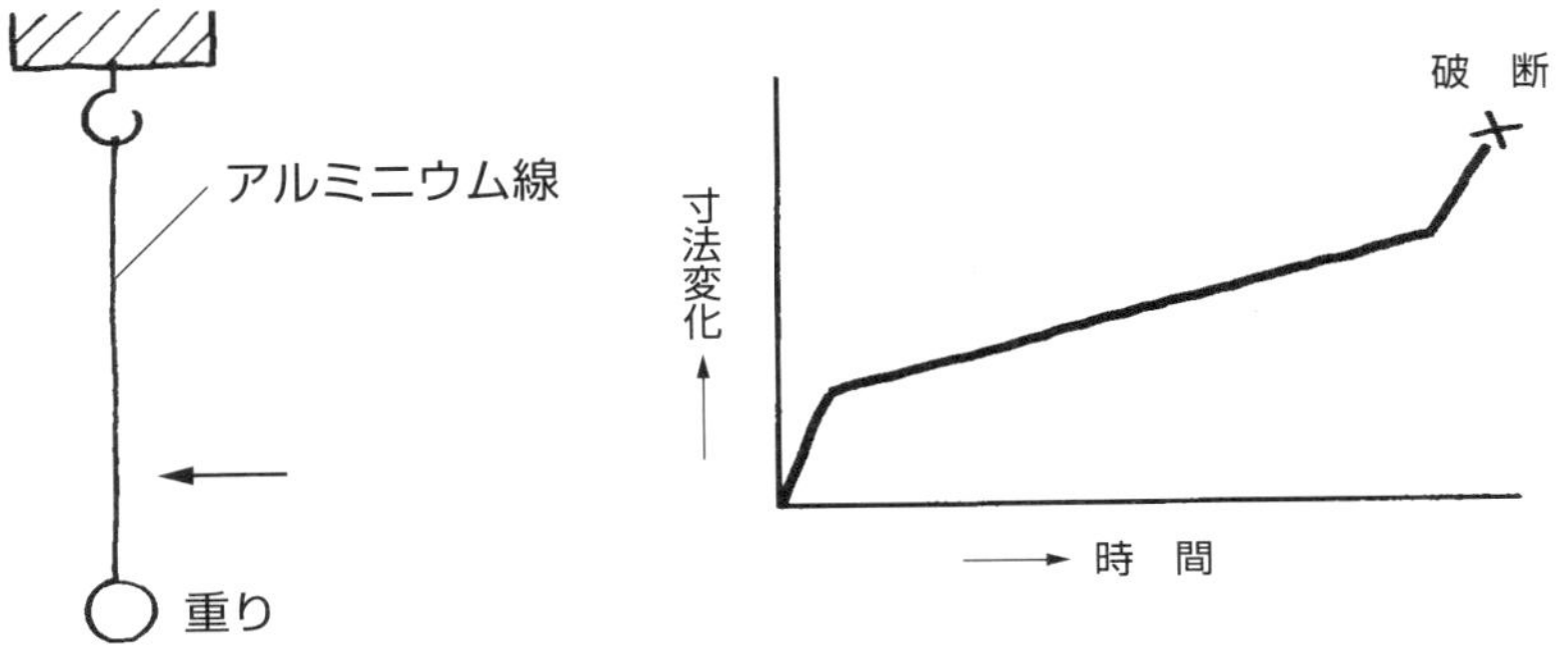

クリープは金属に荷重がかかるとのびが生じ、長

い時間を経過したときに大きくのびて破断する現象です。最初に重りをかけたときののびを初期クリープ（第1次クリープ）、長い時間をかけて少しずつ重りが下がったのびを定常クリープ（第2次クリープ）、破断前に大きくのびた加速クリープ（第3次クリープ）と3段階に分けて論ずることができます。

温度変化したクリープ曲線

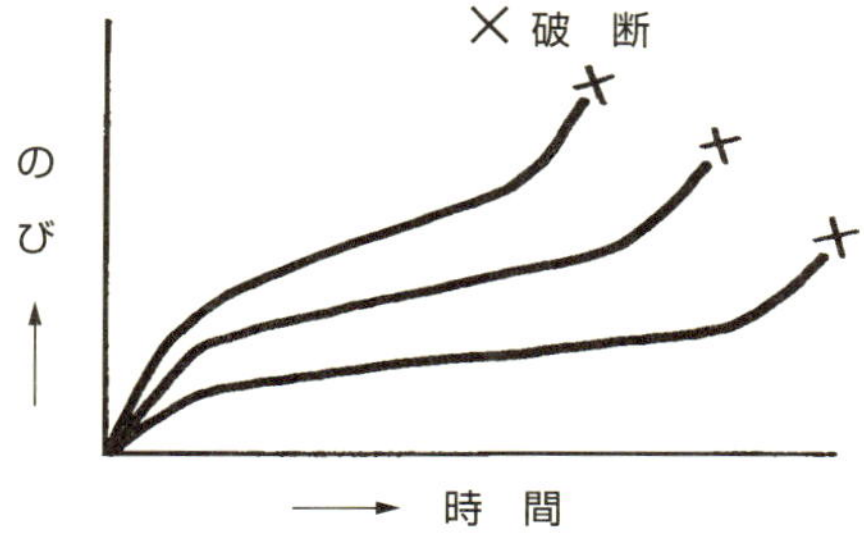

上記の現象は実験の雰囲気の温度を上げればより顕著になります。すなわち温度以外の条件を同じにしたあと、常温と高温で実験したときは、後者がより短時間で寸法変化が大きくなります。クリープはとくに高温で使用する部品にとって重要な性質です。高温下で使用する部品には、ジェットエンジン部品、火力発電部品、加熱炉部品などがあます。これらに使用する部品はクリープ試験を行って、高温雰囲気中の温度限界と許容する時間を求めておかなければなりません。耐熱鋼はクリープ特性が大きい鋼になります。

クリープは実験にアルミニウムを使用しましたが、すべての金属に当てはまる現象です。このためフックを含めた保安金物にも使用中にクリープが生じます。

ブルドーザーの押し板——硬さが鍵の建設機械

ブルドーザーは走行前面に押し板（ブレード、排土板）を設け、土砂や砂礫を押し出す作業（整地や盛土）をします。押し板は押す対象物の硬さや形状によって、摩耗を受けますから、その対策が必要です。

ブルドーザーの歴史としては、まず、1920年代にアメリカで原型が開発されました。その後原型に改良を加えたあと軍需にとどまらず民需にも使用を拡大していきました。日本では元々その機構の発想がなく、研究が進まないまま戦時中にアメリカ軍から捕獲したブルドーザーを運転して解析し、初めてその能力の高度さがわかったとされています。当初は車輪型のブルドーザーを開発しましたが、キャタピラ社が無限軌道を装備した構造を世に出して以降、次第にそれに倣いました。しかし、車輪型はホイルドーザーとして使い分けしています。現在は世界的に見て、アメリカのキャタピラ社と日本の小松製作所が2大メーカーでありシェアを分けています。

ブルドーザーの種類は、ブレード部にバケットを装着したショベル型、押し出しと引き込みができる両用型、水陸浚渫用無線型、水中作業用型などが実用化されています。

一般に材料が耐摩耗性を具備するためには、硬さを上げることです。しかし、摩耗は土砂のように直接ぶつかってかじるような形態や、潤滑しながら摩耗する形態、回転摩耗やすべり摩耗などさまざまの形態がありますから、条件に応じた対策が必要になります。

土砂と接触した摩耗は板の硬さを高くしても限界があり、いずれ摩耗が進みます。そのため硬さを上げる対策をやめて、代わりに基地をオーステナイト組織に替える方法が効果を発揮します。

ブルドーザーの押し板

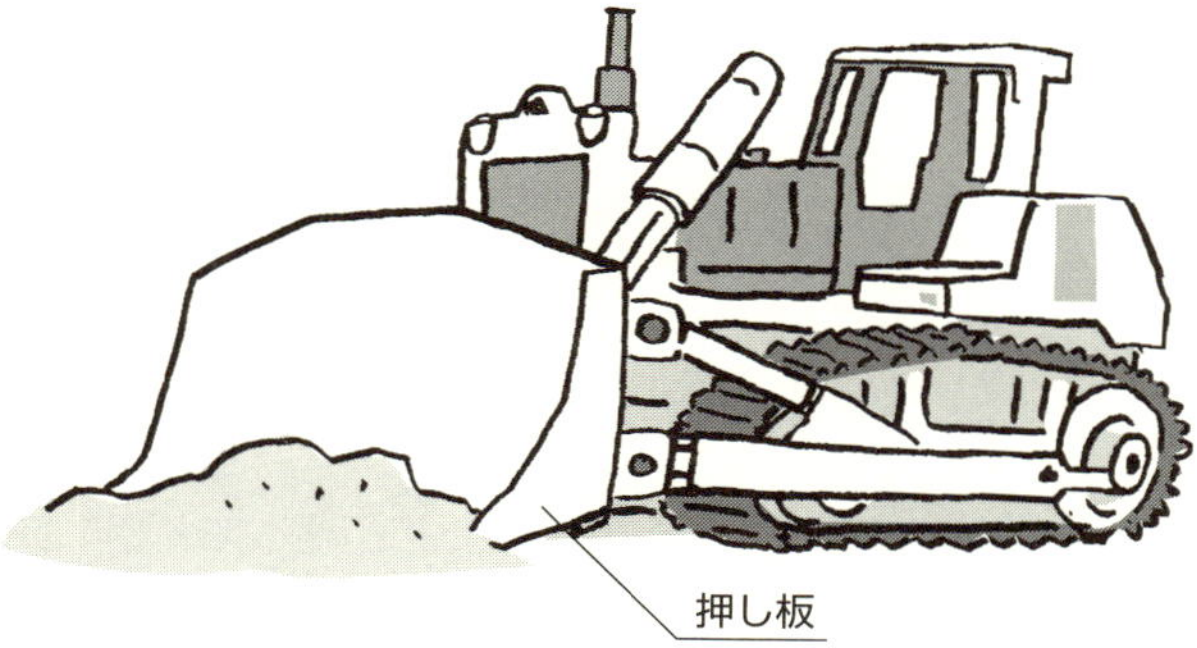

加工硬化によりさらに硬くなる押し板

オーステナイト組織は焼入れして硬度を上げたマルテンサイト組織より軟らかく、むしろ靭性が良好です。基地が柔らかくなれば摩耗が進行するのではないかと予想されますが、実際に稼働すると摩耗が少なくなります。その原理は土砂と接触した押し出し板の最表面部が加工を受けて硬化するからです。すなわち、加工硬化により最表面部に耐摩耗性が生じるため、土砂を押し出すたびに加工を受けて硬化します。

普通、鋼は常温ではフェライト、パーライトの混合組織です。これをオーステナイト組織に変換するためには成分の調整を行います。1・2％炭素鋼にマンガンを12％添加すると、鋼は常温で基地がオーステナイト組織になり、この鋼を高マンガン鋼（ハイマン）と称しています。一般の鋼は変態点を超えた温度（723℃）以上に加熱したときオーステナイト組織が安定的に生じますが、マンガンやニッケルを添加すると、加熱の際にオーステナイト組織を生じる温度が低下する現象が見られます。これらを多量に添加すると、オーステナイト組織を生じる温度が著しく低下し、常温でもこの組織を現出します。そこでマンガンやニッケルはオーステナイト形成元素と称しています。マンガンに替えてニッケルだけを多量に添加しても常温でオーステナイト組織が生じますが、その場合はステンレス鋼になります。

高マンガン鋼は加工の大きさにより最表面部から深く硬化します。ただ鋼の基地は結晶粒界に不純物、成分の偏析や炭化物が生じやすいため、1000～1050℃に加熱して水冷する溶体化処理（水靱処理）を行い、これらを固溶し析出を防止します。

高マンガン鋼はビルの解体で利用する大型の球体にも使用しています。この球体を吊り下げてビル面に打撃を加えながらコンクリートを破壊していきます。球体は靱性が大きいため割れることはなく、打撃のたびに硬化し焼入品のような摩耗はありません。

ほかにはコンベアのシュートの内張（ライニング）に使用しています。シュートはさまざまな種類のものが搬送されます。これらは内張の板面を搬送されながらかじって進みますから摩耗が進行しますが、高マンガン鋼を使用すると摩耗を押さえることができます。高マンガン鋼の使用は接触する物質の条件に左右されます。

耐摩耗を付与するためには板全体を同質にする必要はありません。接触部だけに対策を施すため溶接肉盛りでも可能です。溶接肉盛りは部分的な施工ですから経費が安くなり、摩耗が進んだら繰り返して肉盛りができる利点があります。

鉄塔——自然に打ち勝つ力

高く聳《そび》える鉄塔は送電やアンテナ、気象観測や灯台、火の見櫓などに多く利用されています。鉄塔はどんな材料を使用して立てているのでしょうか。鉄塔の大部分はやはり軟鋼です。JISでいえばSS材というリムド鋼（脱酸していない鋼）の規格品です。引張強さが必要ですからSS材には330〜540MPaの間に最高の引張強さを保証した4種を規格しています。多くは後述する形鋼や鋼管（パイプ）を用いて溶接やボルトで締結しています。もちろん耐候性を持たせるために、鋼材は一部に亜鉛を塗布するか、塗装を施します。

SS材はできるだけ引張強さが大きい方が設計上も有利になります。しかし、構造物の鉄塔は使用環境が厳しい条件下に立っています。気温の高低差は50℃を超えるでしょうし、風雨に耐えなければなりません。風に対して送電鉄塔自身が耐えるだけでなく、風で揺れる送電ケーブルに引っ張られます。台風のときには瞬間風速で50mにも達するでしょうし、地震も考えられます。また送電鉄塔が立つ場所は地盤が強固な地点だけではありません。山の中腹や埋め立てた軟弱地盤もあります。だから鉄塔を立てる場合には、基礎を強固にすることも要求されます。

基礎を完璧に強化して立てても自然に対する抵抗が必要ですから、単純に鉄は強さだけを満たしても、その他の条件に合わなくなりがちです。そのためにやはり鉄は靭性が必要です。

SS材は引張強さだけを満たせばいい規格にしていますが、実際は靭性が大きくなるように鉄の含有炭素量をおよそ0・2%以下にしています。炭素量を多く含有すれば簡単に引張強さが大きくなりますが、靭性が不足してくるわけです。さらに鉄塔は建設時に溶接する機会があり、低炭素にすることにより溶接性をよくしている理由もあります。

SS材は一般に使用する構造用圧延鋼として数種の形状を製造しています。その形状で製造した鋼が

構造用圧延鋼

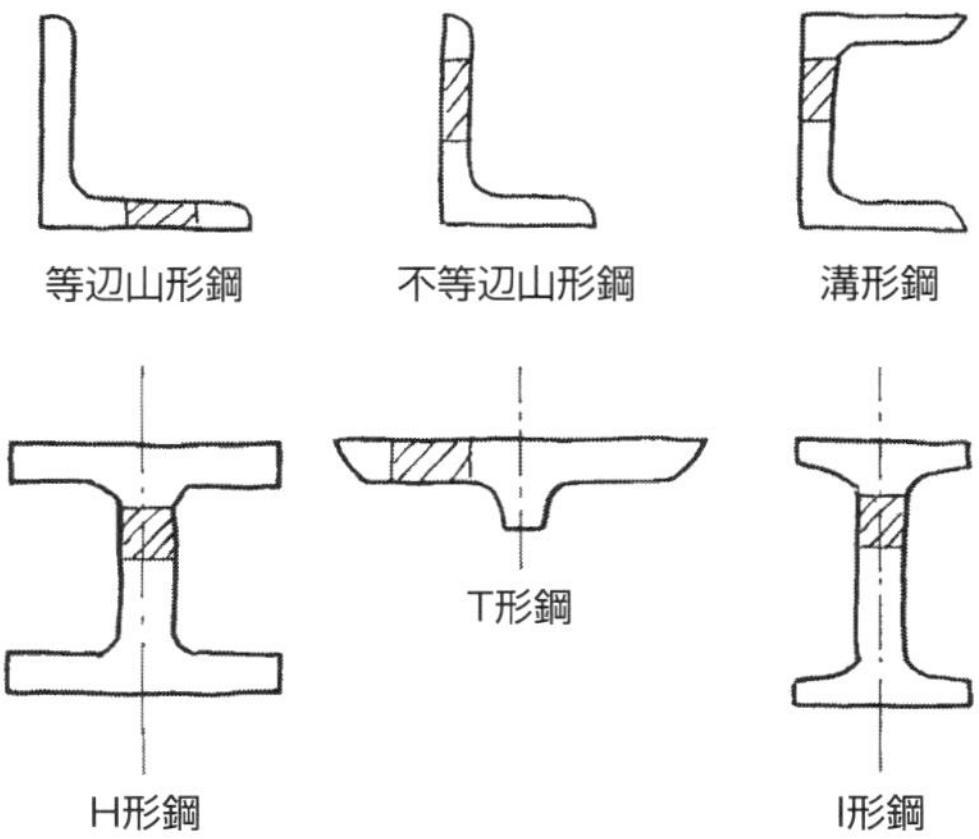

形鋼です。種類は、等辺山形鋼（一般にアングルと称する）、不等辺山形鋼、溝形鋼、H形鋼（チャンネル）、T形鋼、I形鋼（アイビーム）があります。構造物を設計する際はこれらを組み合わせて溶接しながら建設していきます。

鉄塔の代表は東京タワーでしょう。東京タワーは電波塔として高度成長のスタートとなる1958年（昭和33年）に完成し、高さが333mあり、パリのエッフェル塔より高い鉄骨構造物です。タワーは鉄骨を赤白に色分けして塗られていますが、これは標識を目的としています。今でも展望台から見える富士山は最高の眺望でしょう。

しかし、現在は自立式鉄塔として世界一の高さに達する634mの東京スカイツリーを墨田区に建設しています。東京タワー建設から50年以上を経過した現在の技術は著しく進歩しています。その構造は柔構造を採用して地震に耐えるように配慮し、デザインも曲線構造物の3次元の鉄骨構造を示しています。曲線を持つ構造物の製造は極めて高度な製造技

術が必要であり、組み立ての際に寸法精度は、数10m長さの部品に対して1㎜以下のグレードの寸法精度が必要です。いずれ製造技術の粋を極めたタワーが完成して東京観光のシンボルになるでしょう。

鉄塔に準じた鉄構造物である立坑（もしくは竪坑あるいは縦坑）の櫓《やぐら》を紹介しましょう（写真）。この立坑櫓は三井三池炭鉱が明治31年に熊本県荒尾市の原万田地区に、作業者や材料の繰り入れと揚炭のために建設した構造物です。立坑櫓は巻上機の大型リールを櫓上に乗せ、地上の煉瓦室に据え付けた直流電動機（電流値を制御して速度変換が可能）を原動部とした巻上機により、ロープを大型ドラムの回転でリールを介して巻き取り、巻き下げする装置です。明治の時代にこれだけの大型機械構造物の装置を建設したことは驚異的な技術です。たとえばこの地区に据え付けられた1つの装置の大きさは、リールの直径が8ｍほど、ドラムの直径が5ｍ、ロープの直径が50㎜で長さは連続して数㎞もあり、直流電動機出力が350kWなどの容量ですから、この櫓の大きさも推定できるでしょう。

各坑口は切羽がより海岸先の地下鉱脈（炭層）に延びたために閉じるに至り、現在は重要文化財として指定されています。荒尾市および大牟田市地域にはほかにも数カ所の廃坑跡が残り、それぞれ立坑および斜坑巻上げ跡があり、産業遺産として保存が進んでいます。

近代化産業遺産

万田坑の立坑櫓（荒尾市）

明石海峡大橋のケーブル
――束ねて強くしなやかに

日本の橋梁技術は鋼の開発とともに同歩調をとりながら発展してきました。その結果、現在は橋梁の製造技術は段突に世界一です。なかでも明石海峡大橋は世界最大の吊り橋であり、その仕様は中央径間（最長の支点間）が１９９１m、橋長が３９１１m、主塔の高さが２９８mと巨大です。ケーブルは直径５・22㎜の素線を１２７本も六角に束ねて１本のストランドとし、そのストランドを２９０本もまとめて１・12mの直径に集合して１本のケーブルに仕立てています。だから1本のケーブル内には素線を３６８３０本も内蔵しています。この素線はほかにない世界最高水準の品質であり、引張強さが平方㎜当たり18MPaの高張力鋼を使用しています。

ケーブルを橋梁に使用した歴史は世界に先駆けてフランスが１８２５年にワイヤーロープ式の橋を設けました。アメリカは１８５５年にはロープをバンドで結わえたナイヤガラ橋を完成し、１８８３年完成のブルックリン橋は引張強さ平方㎜当たり11・２MPaの高張力鋼を使用しています。この橋梁は当時の技術の粋を結集した橋といわれ、橋梁の製造競争に拍車がかかりました。続けてマンハッタン橋やジョージ・ワシントン橋が新たな技術を付与した橋梁として完成し、１９３０年完成のサンフランシスコにかかるゴールデンブリッジ橋は中央径間が１２７０mにも達して、当時は世界最大の橋梁でした。

我が国では１９６２年に北九州に若戸大橋が完成し、１９６７年の関門橋でやっと世界の水準に追いつきました。昭和30年代は国内の各地に吊り橋が造

明石海峡大橋

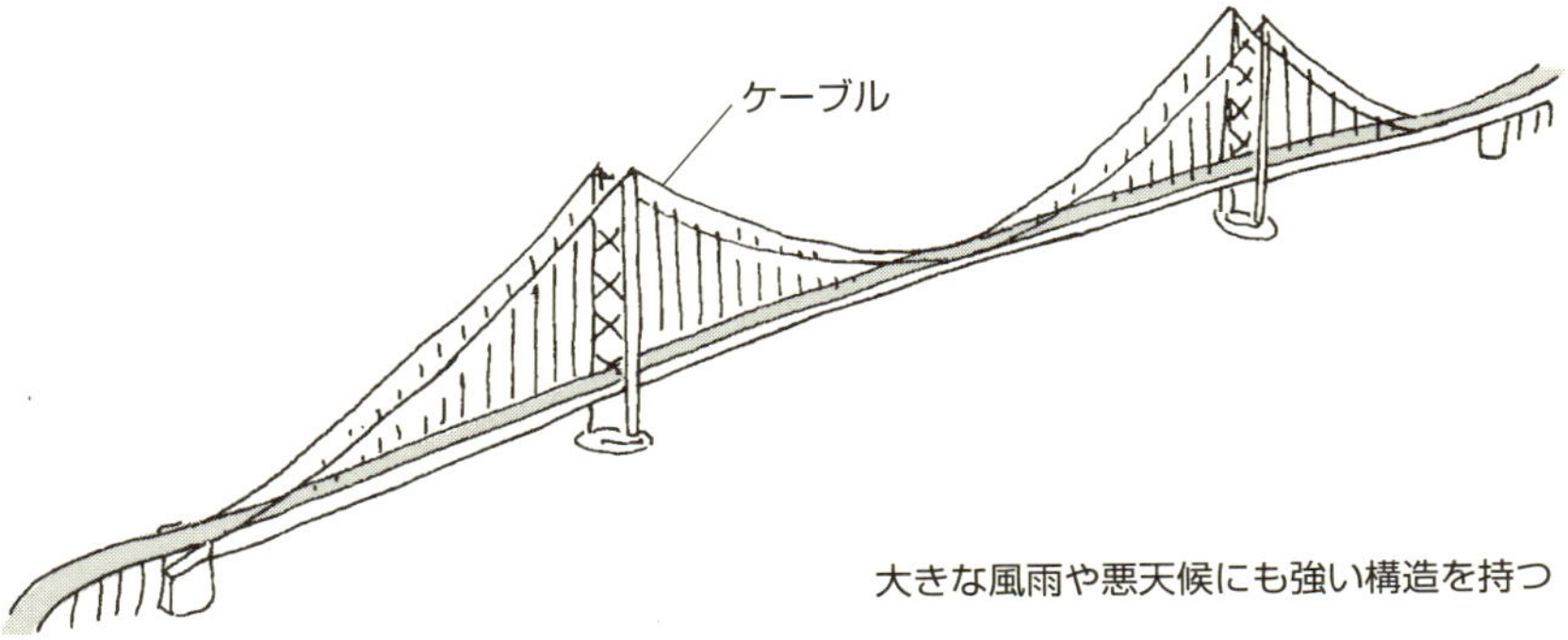

大きな風雨や悪天候にも強い構造を持つ

られ一大ブームが興ります。1964年に熊本県宇土半島から天草に繋がる優美な5つの橋ができ、寒村の離島が陸と結ばれ産業の発展に寄与しています。

ケーブルを使用した橋梁は鉄鋼技術の発展と同調します。日本の製鋼技術と橋梁の施工は世界で最も優れているため、過去に設置したブリックリン橋を始めとして長大橋の保守点検を委託されていますし、トルコのイスタンプール市民の足になっているボスポラス橋は1、2号とも日本の手により完成しました。欧米では新たな橋梁を据え付ける技術や保守の経験も少ないため、現在この分野では日本が独壇場を走る感を受けます。

ケーブルを構成する素線はとくに引張強さが大きい鋼です。これを高張力鋼（抗張力鋼）と称します。

一般構造用圧延鋼（SS材）は引張強さが低い鋼ですから、外力に耐えるためには太材を使用しなければなりません。引張強さ対重量比を向上すれば材料の自重分の荷重を支える使用量が少なくでき、製造経費の削減に相乗効果が生まれます。そのため各国は大きい引張強さをもつ高張力鋼の開発を競い合いました。鋼に添加する炭素量を増せば簡単に高張力が得られますが、使用先では現場で溶接を行うため炭素量の増加には限界が生じます。

開発の進め方は低炭素のままで合金元素を微量添加し、機械的性質、溶接性、加工性を改善し、圧延のまま熱処理しないで使用に供することです。当初、ドイツがシリコン、マンガンを添加して高張力を改善したSi―Mn鋼を開発し、機械的性質の引張強さは平方㎜当たり5MPaを保持し、のびが20％を超え、炭素量は0・2％以下でした。

その後、各国が競争して研究し、日本は同様な性能を持つウェルテン鋼（WELTEN50）を実用化しました。アメリカはマンガンと銅を組み合わしたMan―Ten鋼を開発し、ドイツはさらにSi―Mn―Cu鋼（Si-Stahl）を造り上げ、イギリスはMn―Cu―Ni―Cr鋼（BS968）で6MPaを超える高張力と、のび14％を維持する低合金鋼を発明し実用した経緯があります。

改良については、最初に合金元素を添加すると鉄基地に溶け込んでフェライトを強化し、次に不純物を極限まで少なくする方法、結晶粒度を微細化する方法などがあります。

日本の研究はそれらを巧に採り入れて技術が大きく進展し、7MPaを手始めに、9、12、――と製造したあと、20MPaを超える鋼を開発して実用化し、現在は技術的に各国を率先しています。

このような経緯により、引張強さが大きいケーブルを造り上げてそれを橋梁に応用することができたのです。

自動車の鋼板——現在は自動車に多用している

戦争を肯定するつもりはありませんが、日本の技術力が西欧諸国に比べて過去にも比例なく優秀であったことを証明できる証拠があります。その現物はすべての仕様に並はずれて巨大で、全世界に類を見ることができなかった戦艦「大和《やまと》」です。当時大和は自身が有する世界最大の46㎝主砲で砲撃しても船腹を貫徹することができない板厚41㎝の舷側板を張っていました。しかし、大和は戦争末期に護衛する駆逐艦や空母艦が添えないまま単独で出撃した沖縄本島沖における局所戦で、数百機の戦闘機や爆撃機に取り囲まれて、同じ舷腹に連続して多数の魚雷を撃ち込まれて始めて鋼板がうち破られてしまい、戦運からも見放されて3000人余の将兵とともに撃沈されてしまいます。筆者は41㎝厚の鋼板がどれほどの代物か見たことがありません。

鋼板は製鋼したあと溶融した鋼を鋼塊ケースに注いで固めたあと、分塊、鍛造などの加工を受けながら板厚を薄く圧延していきます。圧延は数段階にわたって設置した圧延ロール間に加熱した鋼を装入し、繰り返し連続して塑性変形を行う工程です。鋼は圧延ロール間で圧力を受けながら薄く延ばされていきます。このとき、大きい寸法から薄い厚さに変形する度合い（変形率）を加工度と称します。

大きい加工度は圧延に巨大な圧下力が必要になりますから、加工を受ける鋼は高温に加熱しておきます。この加熱しながら圧延や鍛造を行うことを熱間加工といいます。熱間加工して製造する鋼板は前出のSS材と、熱間圧延軟鋼板SPHC材をJISに

自動車のボディ

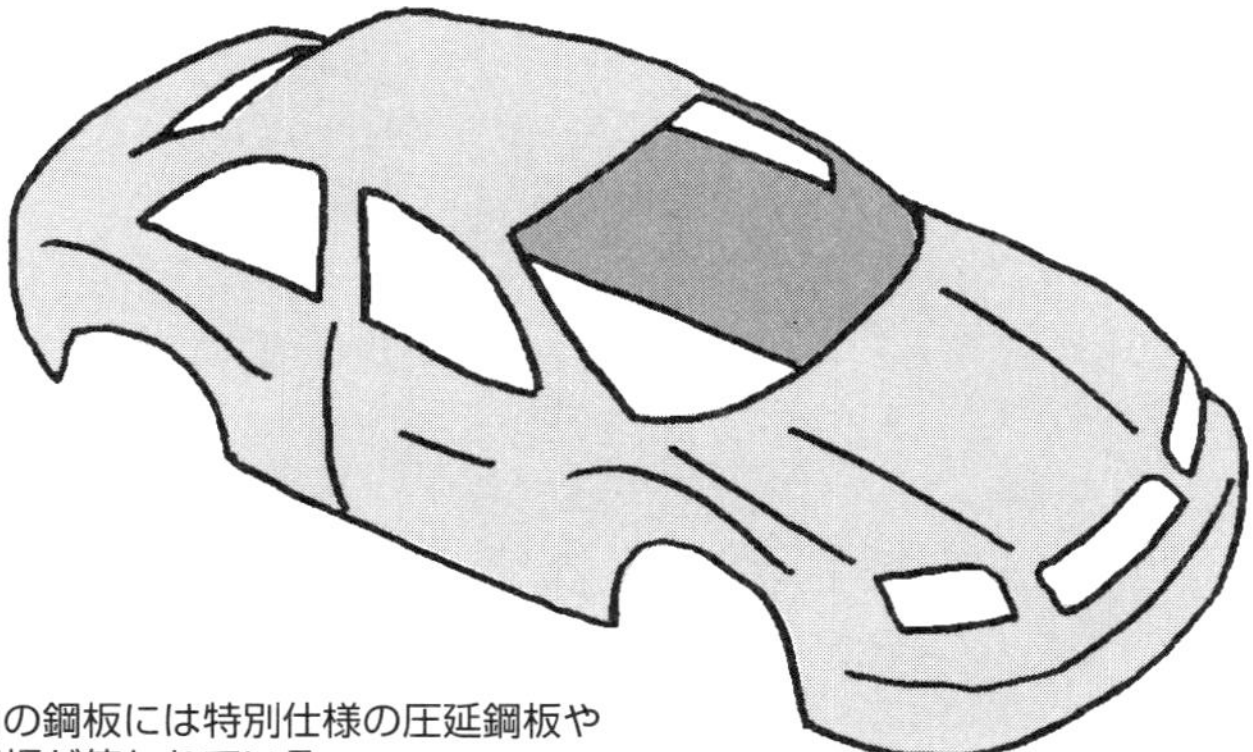

自動車用の鋼板には特別仕様の圧延鋼板や
高張力鋼板が使われている

規定しています。前者は板厚を広範囲に製造していますが、後者は1・2〜14㎜の間に数種類を分けて製造しています。熱間圧延の長所は加工度を大きくできるため、薄くする効率が大きいわけですが、反面、熱間加工では加熱による鋼の酸化が進みます。仕上げ寸法の精度は少し落ちますし、表面の粗さも大きくなります。

圧延して薄い板厚を製造する場合は加工度が小さいので圧延ロールの圧下力が少なくて済みます。このため常温のままで鋼板を圧延することが可能です。常温で加工した鋼は冷間圧延軟鋼鋼板といい、SPCC材で規格しています。冷間圧延加工の場合は酸化がないので厚さの寸法精度が優れ、鋼の表面粗度が細やかです。SPCC材は板厚が0・4〜3・2㎜までの間に18種類に細かく分類して製造しています。SPCC材は大型構造用鋼材としての使用はわずかですから、一般使用のほかに特徴を活かして絞り品に応用しています。そのため、硬さを低く、曲げ性が良好なるように許容の数値を決めています。

ＪＩＳにはそのほかにも用途に応じたいくつかの鋼板を設けています。自動車用はそのうち最も消費量が多い鋼板で、自動車構造用熱間圧延鋼板（ＳＡＰＨ）、自動車用加工性熱間高張力鋼板（ＳＰＦＨ）、自動車用加工性冷間圧延高張力鋼板（ＳＰＦＣ）があります。

ＳＡＰＨは自動車の骨格を司るフレームや荷重がかかる車輪に使用する強度母材であり、板厚の許容値や機械的性質や曲げ性などを厳しく定めています。後者の2規定は熱間と冷間の製造の差異がありますが、加工性を高めた鋼板であり、上記と同じく板厚の許容値と機械的性質以外に、板幅の許容値、曲げ性、平坦度（平面度、プレスなど加工を行う場合の条件になる）を規定して自動車製造の効率化を高めています。また抗張力は、ＳＳ材の引張強さ５４０MPa程度と比較して、さらに大きい値を有する鋼板ですから、薄い種類を選択することが可能です。

昔は、自動車の車体を構成する鋼板は厚さが０・３〜０・５㎜近傍の厚さでした。構造上の耐強度は充分に余裕がありましたから薄くしてもよかったのですが、当時の製造技術は鋼板を薄くすることができませんでした。しかし、鋼板の連続圧延技術の向上および設備の改良により、０・25㎜厚さを分当り10数ｍの速さで高速圧延して製造できるようになり、国内の各メーカーがさらに高張力鋼板を開発し採り入れた結果、自動車の軽量化を劇的に押し進めることができ、他国の自動車メーカーを凌駕する大きな要因になりました。

自動車用鋼板はＪＩＳに規定した種類以外に国内の各製鋼メーカーが独自の仕様を数多く製造しています。

大砲――大きく造る難しさ

戦艦大和の大砲は主砲部重量2500トン余、寸法が口径46㎝、砲身長20・7mと考えられないほど超巨大でした。弾丸重量は1・5トンあり、射撃時の初速は秒速785m、最大射程距離40・8㎞が可能で、敵の砲弾が届かないところから射撃できるアウトレインジ戦法を取れるような戦艦でした。1回撃つときの必要な爆薬は330㎏で、船腹には常時主砲3門分で1000発を格納していました。1発撃つと砲身内は3300気圧が生じるため砲身内は摩耗が進み、使用の寿命は200発までが限界でした。

射撃したあと着弾までにかかる時間は41㎞の距離で90秒かかります。敵艦が20ノット（最大速度は27ノット）の速度で進むとしたらこの間に900m移動してしまいますから命中精度が悪くなり、相手艦艇の位置を予測しながら射撃することになります。ただ、固定した目印を射撃する演習では40㎞離れても1発必中の高精度であったといわれています。ちなみに3門の射撃を行うときはまったく同時ではなく、弾丸は0・1秒差の順序で砲身から離れるように設計していました。それは弾丸同士が同速度で飛翔する際に接触しないように流体工学上考えた智恵です。

このような巨大大砲をどのようにして製造したのでしょうか。しかも今から70年以上前の日本の技術が製造できる水準であったかどうかです。が、諸先進国に比して技術や設備が高度に優れていたのです。たとえば46㎝口径に設定した理由は、アメリカの戦艦が搭載する限界は42㎝砲でしたから、それを凌駕するためです。根本的な理由はアメリカの戦艦がパナマ運河を渡るとき船体の幅と長さに限界を生じますが、その大きさの船体が搭載できる砲は42㎝が限界であったためです。だからどうしても日本の戦艦は太平洋上で君臨するためにそれ以上の口径を持つ大砲が必要でした。

この砲を製造するために日本の海軍は日本製鋼所を設立して専門工場とし、そこに1万トン水圧プレス機を導入します。主砲の基本的な設計構造は層成砲で砲身は3重の砲身を層状に重ねて内圧の膨張を押さえる構造ですが、さらに破壊力を増すために鋼線砲に進化して製造しています。溶鋼はインゴットに鋳込み、中央部に集まりやすい不純物リッチ部を除去したあと、プレス機で熱間鍛造して砲身に造り上げます。鍛造後は焼なましを行いますが、ここでも超大型焼なまし炉を使用していました。焼なまして結晶粒を調整し、鍛造歪みや加工応力を除去して軟化し、加工しやすくします。

砲身は超大型の軸旋盤で内外径を加工し、焼入れ焼戻します。加熱や焼入れ時の変形を少なくするため縦に保持して加熱して、その姿勢のまま焼入油に投入して焼入れします。焼入れ槽も超大型であったでしょうし、焼入れ用の冷却剤に使用した菜種油の容量も膨大でした。

弾丸が飛ぶ最内側の砲身は螺旋状（施条）の加工を施します。これは軸旋盤で倣《なら》い加工しています。溝の形状は8・865㎜幅、3・084深さでした。

戦艦の大砲

戦艦大和の主砲は
46cm口径

大砲

昔の大砲の砲身は
ナス型をしていた

加工した砲身には鋼線を分厚く巻き上げて仕上げています。

大和が最後に出撃したときには製鋼所および呉工廠には数本の予備砲身が残っていたといわれていますが、戦後の諸解体で消失して現在は残存していません。わずかに戦艦長門のやや小さい砲身が都内有明の「海の博物館」に展示されていますが、これも巨大です。

戦力の重要な兵器である大砲は数種に分類できます。いくつかをご紹介します。臼砲《きゅうほう》は砲身が20口径以下と短く、肉厚が大きい寸胴な構造です。厳密に同じではありませんが、使い方によれば一種の迫撃砲です。射角を45度程度に上げて弾丸を発射します。第1次世界大戦以前に多く使用し、日本では幕末の薩英戦争や、長州戦争に使用し、江戸湾のお台場にも外国船打ち払いを行うために備えていました。臼砲が威力を発揮した実例は日露戦争時の旅順攻撃で28㎝砲を使いロシア艦隊を壊滅しました。すなわち臼砲の使用目的は要塞破壊、コンクリート破壊、城塞破壊です。命中精度は落ちてもよく、構築物が破壊できれば目的を果たす役割でした。臼砲は榴《りゅう》弾砲《だんほう》とも称していて区別は曖昧ですが、いずれにしても運動エネルギーによる貫通破壊弾です。

アームストロング砲は1850年代にイギリスで開発された大砲です。ライフル銃の1種を大型化したと考えればよい大砲です。砲身は鍛造性で、層成砲身で造りましたから鋳造砲と比較して強度が大きく軽量に製造できました。イギリスは薩英戦争時に使用しましたが、大砲の後尾に不具合を生じて事故を頻発した経緯があります。改良後は米国に初めて輸出し、南北戦争で使用しています。日本へは6ポンド軽野砲として幕末に売却されたあと、戊辰戦争で官軍が使用しています。しかし、国産のライフル型青銅製口径86・5㎜の洋式野砲である四斤山砲《よんきんさんぽう》より小型で、威力の差異は少ない性能でした。四斤山砲は幕末の軍神、大村益二郎の遺言通り、西方の備えとして増産して準備していたところ、まさに的中して西南戦争に官軍の戦力として活躍しています。

カノン砲は口径に比べて砲身が長く、弾丸の初速が早く射程が長い砲です。主に曲射射撃で榴弾砲として使用しましたが、厳密には野戦で直射も可能になるように砲身を短縮した砲がカノン砲であるとして区別しています。その後、第2次世界大戦では仰角を大きくした曲射射撃が成果を上げた結果、榴弾砲を25口径、カノン砲を40口径として区別しています。カノン砲は遠距離射撃用の破甲尖鋭弾として要塞破壊などに効果がありました。近距離射撃では目標照準性に優れるため装甲車破壊にも優れています。

旧日本軍の92式10インチカノン砲は１９３０年代に開発された優秀な砲であり、ノモンハン事変で野砲重砲として、あるいはガダルカナル島の奪回で陸軍が多用しています。仕様は口径１０５㎜、砲身長４・７２５m、砲身重量１・１７２kg、放列砲車重量３・７３０kg、初秒速７６５m、射程18・２km、仰角最大45度で優秀な砲でした。

昨今は戦略品としての大砲は影を消しています。替わりにミサイルが全盛を極め、地対地、地対空、空対空、潜水艦からの射撃など多様化しています。相手が発する赤外線を感知し追尾して撃墜する方式は命中率が完璧です。対して赤外線を攪乱する諸対策も講じて、敵味方の戦法が入り乱れています。

混合機内の撹拌軸——応力腐食割れを起こすステンレス

インクを撹拌する混合機の主軸に生じた現象です。主軸は耐食性を最優先するためにステンレス鋼で製作しました。ステンレス鋼は鉄のほかに8％のニッケルと18％のクロムを含有しています。8と18の数字から一般に18—8鋼と呼んでいます。分類するとオーステナイト系ステンレス鋼です。

ステンレス鋼にはクロムを含有するフェライト系ステンレス鋼あるいはマルテンサイト系ステンレス鋼がありますが、塩酸や硫酸のような強酸に対しては酸化して皮膜を侵すため、さらに強力な耐食性用としてオーステナイト系ステンレス鋼を使用します。しかし、この鋼は常温でオーステナイト組織であるため、焼入れしてマルテンサイト組織に変態しませんから、強度は低位です。混合機に使用した撹拌棒は大きい対応力が必要ではなく、強度上は充分に余裕がありました。

一般にオーステナイト系ステンレス鋼は耐食性が優秀ですが、基地内に腐食に対して弱いクロム炭化物が析出すると、総じて耐食が劣化します。クロム炭化物は鋼内の結晶粒界に沿って析出するため、この現象で腐食することを粒界腐食と呼んでいます。これはこの鋼の弱点で、耐食鋼といえども酸に対してかなり腐食します。しかし、その対策は次のようにいくつかあります。

①クロムと化合する炭素量を少なくすると炭化物の形成が少なくなる。そのため低炭素のオーステナイト系ステンレス鋼を使用する。

②炭素がクロムと化合する前に、炭素がもっと親

応力腐食割れ

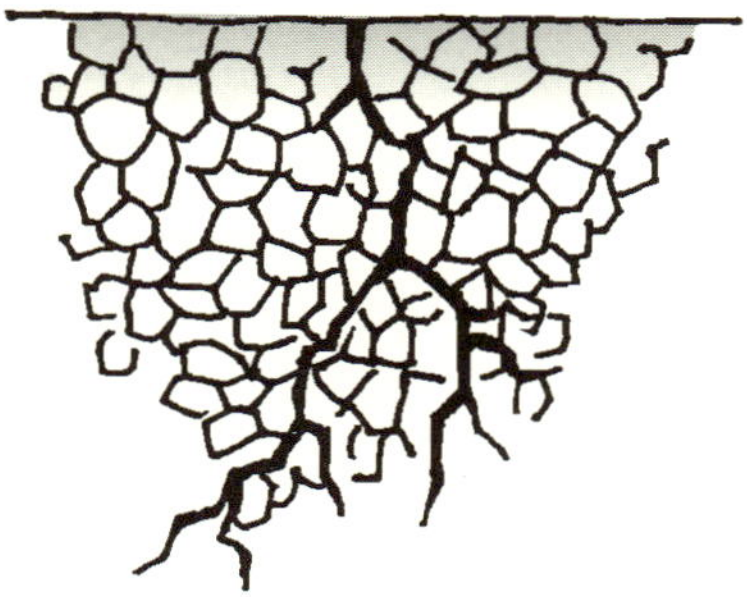

和的なチタン、ニオブなど第3の金属元素を添加するとこれらの化合物を形成しるため、クロム炭化物の生成を防ぐことができる。

③クロム炭化物が析出したときは、1℃高温に加熱すると基地に固溶するので、そのときに急冷すると析出することができず、粒界腐食を防止することができる。

①、②は製鋼上の技術で、価格的に高くなります。③は製造過程で熱処理して対策を採ることができます。その方法は約1000℃で加熱したあと水に入れ急冷します。この方法は溶体化処理あるいは現場的に水靭処理と称しています。

製造した撹拌棒はこの処理を行っていましたから安心していました。しかし、数カ月稼働したあとユーザーからクレームがきました。撹拌軸が折れたという内容で、間もなく現物が送付されてきました。

状況は初めて見る破面で、結晶粒に沿ってジグザク状に割れが進行した様態を示していました。早速、割れ近傍を切断して研磨、電解腐食して検鏡しました。その結果、割れは典型的な応力腐食割れでした。

応力腐食割れは外部からの応力（荷重）が引張応力として作用したとき、それが設計上の負荷より極めて小さい値であっても特別の雰囲気や環境下において局部的に割れが発生し進行する現象です。似た現象に疲労による破壊がありますが、これは疲労限界を超えて生じますから異なります。撹拌軸は疲労限界を超えていませんでした。

軸断面の割れは人間の血管が新たに生成するような形状を示し、割れ発生部からスタートして内部に向かって進行し、結晶粒に沿って屈曲しながら途中に分岐を繰り返して毛細血管のように細かくなり、割れが深く浸透していました。

応力腐食割れを生じる特別の雰囲気は、多くが塩素イオンと水酸化イオンを含む溶液です。負荷が小さくてもこのイオンを含む溶液中では割れが発生することがありますが、理論的にはこの発生メカニズムがまだ充分に解明されていませんから適正な対策が打てません。応力腐食割れを回避するためには使用する雰囲気が変えられない場合、対象鋼の表面を何らかの方法で被覆する方法、材質のうちクロムとニッケル量を調整して基地をオーステナイト単相ではなく2相にする方法、第3の合金元素であるニオブ、モリブデン、アルミニウムなどを添加する方法などがあります。

応力腐食割れはアルミニウムも合金のジュラルミンにも生じます。戦時中の戦闘機や爆撃機の機体のなかに原因不明の割れが発見されています。

ブランコのチェーン——のびることで安全を図る

チェーンはブランコに使われています。小学校に入学して運動場の脇に設置されたブランコに初めて乗ったときは、胸どきどきでした。友達の誰もがビュンビュンと大きい円弧を描いてブランコを振っていましたが、私はいつか切れるのではないかと気をもんでいました。だから恐る恐る渡した板の上に腰をかけて両手でチェーンを持つと、それだけでもう身震いしました。乗ったままの私の背中を友達が押してくれて始めてゆるりゆるりと動きだし、自分で振ろうとしないままでも円弧を描きました。友達は横のブランコに立ったまま膝を折り曲げながら加速して、今にも水平にもなろうかという角度まで大きく振幅していましたし、別のブランコでは腰掛けたまま大きく振ったと思うと、両手を離して前にジャンプしてその距離を競い合っていました。

今近くの学校のブランコに腰をかけてまじまじと観察すると、チェーンはピカピカに光り、渡した板は大腿部の形に合わせて少しへこみ、何年にもわたって何十人、何百人の子供らと一緒に遊んだ残滓がありありです。

ブランコにはなぜチェーンを使うのでしょうか。ロープでもいいはずです。

それはブランコが大きく円弧を描いて運動するため、チェーンには1個1個のリンクが連結する角度が少しずつ変わって、滑らかな円弧を生じるような必要性があるからです。もし、ブランコのチェーンの代わりにロープを使ったとしたら、振るたびに素線がよじれて熱が発生し、繰り返しの疲労限界を生じて短期に切れてしまいます。チェーンは連結するリンクがよじれを生じないばかりか外力を開放し、熱が生じる危険性はありませんから好都合です。

　チェーンの材質は何でしょうか。硬鋼を使ったら強くなります。しかし、実際は軟鋼で製作しています。軟鋼は鉄の炭素含有量が少ないので引張強さが小さくなります。しかし、その反面のびが大きくなります。すなわち靱性が大きいのです。ブランコを使用する際に一番危険な事故は、チェーンが突然切れてケガをすることです。だから最も強力な鋼を使用した方がいいという意見があります。しかし、それには限度があります。切れる前に予防はできないでしょうか。すなわち、切れるよ、という前にのびてくれたら時間的な余裕ができ、のびた状況を発見でき、未然に切断を防止できるはずです。軟鋼を使用する理由は危険予知として靱性を大きくしたいためです。

チェーン

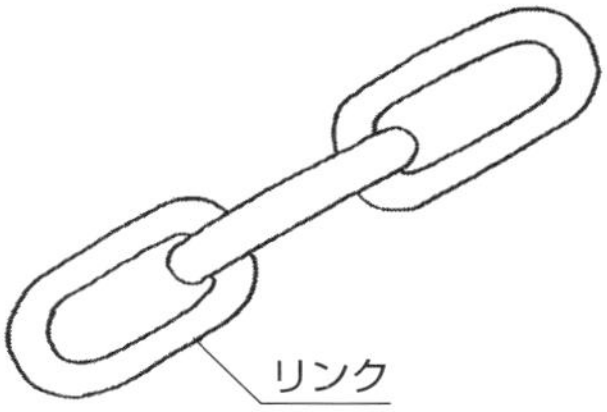

　チェーンに使用する鋼には規格が決められています。熱間圧延丸鋼のチェーン用丸鋼で、炭素量は0・13%以下、0・25%以下、0・36%以下の3種をJISで定めています。さらに機械的性質のいくつかを決めて規定しています。とくに曲げ性については曲げ角度と内側半径を定め、曲げたときの亀裂の有無を決めています。

　多くの機械にチェーンを使用していますが、いずれも上記の性質を具有する条件が存在しています。例を挙げましょう。自動車のスリップ防止のためにタイヤチェーンがあります。タイヤが回転している際にチェーンが切断したら事故につながります。それよりのびてゆるんだ方がまだいいわけです。

クレーンなどに使用するチェーンブロックのチェーンがあります。破壊の前にのびを期待しています。貨車を連結する連結チェーンリンクや採炭など坑内を走る炭車を連結するチェーンも同様です。

それではチェーンを製造するときの連結方法はどのようにするのでしょうか。その答えは一般には溶接です。軟鋼であるため曲げやすく、炭素含有量が少ないために溶接もやりやすいのです。

筆者が担当して鍛造で製造していた重要部品に2連リンクチェーンと3連リンクチェーンがありました。溶接をしないで素材から一体ものの連チェーンを作っていました。これを可能にするためには鍛造方案の確立が重要な技術になります。素材の寸法、鍛造方向、途中の鍛切、のばしの寸法決めなどなど、ハンマーで鍛造しながらの技術は極めて高度なノウハウでした。

ボルトとナット——ゆるみとの戦い

ボルトとナットは締結を行う機械要素の1つです。締結とは2つ（あるいは3つ以上）の部品を締め付けて固定する意味です。ボルトとナットは簡便に使用でき安価なため、非常に多くの分野に使用されています。

ボルトとナットはねじの原理によって合わせ、締め付けて固定します。ねじの種類は分類すると数種がありますが、現在は主にメートルねじです。

ボルトとナットの材質は冷間加工する場合、冷間圧造用炭素鋼線（JIS　G3539）にSWCHとして規定しています。リムド鋼とキルド鋼を使い分けし成分規定はありませんが、引張強さ以外にとくに絞りを規定しています。絞り値は少なくとも45%以上と大きいので、炭素量は中炭素以下の含有量であると推察できます。

ボルトのねじ加工は小ボルトでは転造によります。転造はボルトを前加工したあとに、ねじ形状を持つ親ねじを強力に押し当ててねじを転写する原理でねじを塑性加工します。転造はボルトの大きさによって冷間加工と熱間加工に分かれます。また大型ボルトは旋盤でねじ加工します。

一方、ナットのねじは穴加工したところにタップと称する雄ねじ型の刃具を押し付けてねじ加工します。

ボルトは種々の形状がありますが、6角頭を持つボルトが一般的です。サイズはメートルねじの大きさにより、小型のものから大型のものまで各種あります。メートルねじは大きさによりM○○と呼称し

六角ボルト・ナットの等級

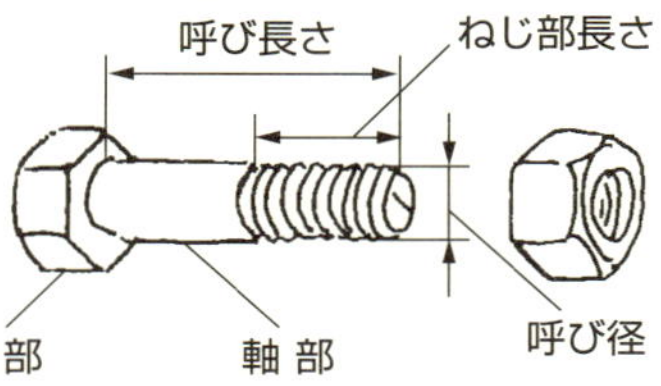

使用目的による各種ボルト

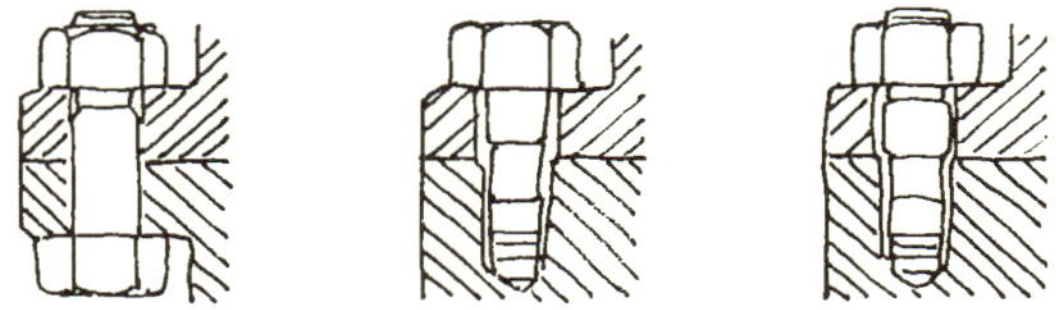

（a）通しボルト　（b）押えボルト　（c）植込みボルト

ています。M12はねじ部の直径がおよそ12㎜です。材質は鋼、ステンレス鋼などの鋼とアルミニウム合金、チタン合金などの非鉄があり、用途により規格しています。

ボルトの形状と使用方法を紹介します。

（1）6角ボルト

ボルトの頭は正6角形で一般的に通しボルトとして最も多く使用しています。取り付けはメートルサイズよりやや大きく加工した貫通穴に装入し、ボルトのねじ部にナットを合わせて締め付けます。締め付けたあとはボルトの軸方向の耐応力により締結力を維持します。合わせた2つの部材がボルトの軸と直角の方向に外力がかかるとき、これを剪断力と称しますが、この締結法では対荷重を維持できなくなります。

（2）高力ボルト

高張力（抗張力）ボルト、ハイテンション（ハイテン）ボルトと称しています。ボルトの材質はとくに引張強さが大きい種類（高張力鋼）を使用しています。用途に合わせて締結した部品の接合部に摩擦を生じさせて大きい引張力に抵抗する箇所に使用します。重荷重用機械や、土木建設機械、荷役運搬機械、鉱山機械などの構造部に強力な締結を行うことができます。

使用目的により次のようなボルトがあります。

(3) リーマボルト

2つの部材に設けたボルトを装入する貫通穴は、リーマボルトの呼び長さ（平行部、ねじ加工していない円筒部、）の直径の寸法と同じく高精度に加工し、穴の面粗度を滑らかにします。一方、リーマボルトは呼び長さを締め込む2つの部材の厚さに合わせ、直径を穴寸法と同寸法になるように精度よく加工します。ねじ部はナットを締め付ける範囲になるように短く加工します。リーマボルトの締結は高精度に加工した穴に隙間なくきっちり精度よく装入したあとにナットで締め付けます。装入時は同寸法であるためボルトの頭を軽く叩いて貫通孔に装入する作業も必要です。締結は結果としてボルトを穴に装入したあと動きがないようになっているため、多くは部材の位置決めに使用することができます。また部材の合わせ方向の外力に耐える必要があるときはリーマボルトの耐剪断力に左右されます。

たとえば減増速装置などの割りケーシングの合わせの位置決めや、強力な締結を必要とする箇所に使用します。リーマボルトの使用は位置決めができますから、分解したあとの再組立時に再現性があり、作業性が改善でき、装置の組立精度を高く維持できて重宝です。

(4) 通しボルト

一般的な方法で2つの部品を合わせ締めつけます。

(5) 押えボルト

下の部品にねじを加工してナット替わりにして、

上の部品をボルトだけで締めつけます。ナットは不用です。

（6）植込みボルト

2つの部品を合わせて締結するとき、ボルトを穴に通しても部品厚さが大きいため届かず、締め付けできない形状があります。その場合は下部の部品にねじ加工してナット替わりにし、上部の部品にボルトが通る貫通穴を加工したあとでボルトを装入し、下部の部品のねじで締め付ける方法に使用します。すなわち下部の部品にボルトをねじ込み上部のねじをナットで締めますから植込みボルトと称しています。欠点は下の部品のねじが損傷したときは使えなくなります。

ボルトのねじは現在メートルが主流になりましたが、ガス、水道配管ではインチサイズを使用しているためサイズの呼称に注意しなければなりません。メートルねじは並目と細目があります。ねじが一定長さ当たり何回巻いているかによって区別します。細目は巻数が多くなり、耐強度が大きくなります。自動車のタイヤのねじは細目を使うことがあります。またねじ加工は右巻きと左巻きがあります。右巻きはねじを回転したときに軸方向の先端に進みます。左右の使い分けは、2つの部品を締め付けたとき、部品がねじと同じ方向に回転する場合はナットがゆるみやすくなりますから、逆方向の巻き方のねじを使う必要があります。たとえば扇風機の羽根を軸に固定するとき、キャップで羽根を締め付けます。キャップが羽根の回転方向と同じねじ巻き方向であればゆるみますから、ここでは左ねじを採用しています。同じことはタイヤの締結でも生じます。車輪の左右のタイヤの回転方向は反対になりますから、左右のねじ方向を変えなければなりません。

ボルトとナットによる締結はねじのゆるみがあれば致命的な事故に至ります。そのため、ねじのゆるみ防止にはたくさんの研究が行われてきました。現在使用している方法を紹介しましょう。

座金

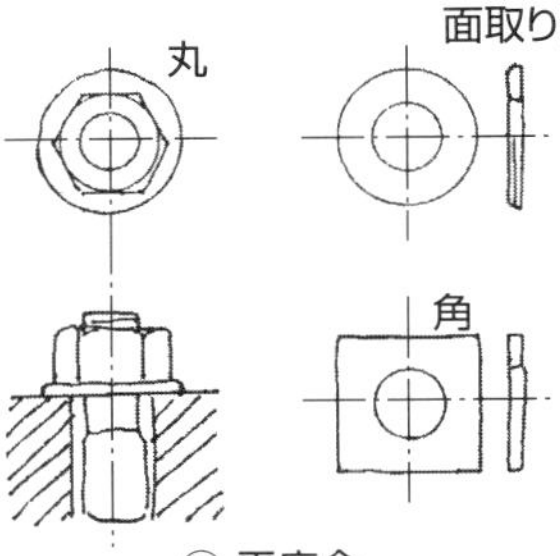

① 平座金

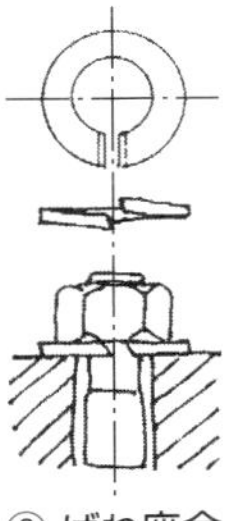

② ばね座金

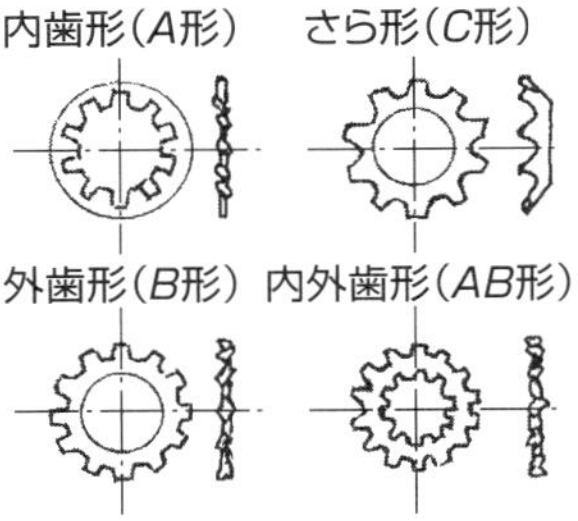

③ 歯付き座金

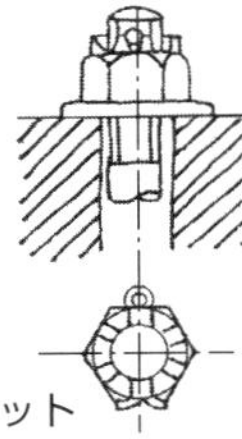

④ 溝付ナット

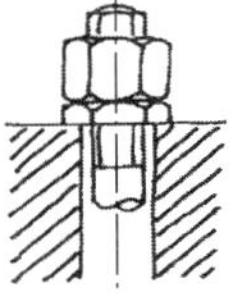

⑤ ダブルナット

①平座金：ボルトとナットの締結効果を高め、ゆるみを防止するためにボルト頭の直下あるいはナットの直下に円形の板を装入します。これが座金あるいはワッシャーです。サイズはねじのサイズによります。2つの合わせ部品の表面粗さが大きいときや合わせ面に酸化などがある場合や、締結力によって部品の面が損傷を受けるときの対策として効果があります。

②ばね座金：平座金の円周を一部切断して軸方向に曲げ、焼入れ焼戻して弾性力を高めた座金です。締結すると軸方向の変形は押し付けられて平座金と同じように収まりますが、復元しようとする力を利用してゆるみを防止する原理です。ばねですからスプリングワッシャーと称します。ばね座金はとくに振動や衝撃が大きいときのゆるみ防止に有効です。

③歯付き座金：平座金の円周の一部が歯状に出っ張っている形状で、歯の向きは内外があります。ナットを締め付けたあと、舌を曲げてナットの

6角面のどれかに合わせて曲げます。ナットは曲げた歯に遮られて回転できませんから、ナットのゆるみが防止できます。歯の代わりに座金を菊の花状に加工すれば6～8個の舌状の形ができて強力にナットの6角面を固定できます。これは形状により菊座金あるいは舌付座金といいます。

④溝付ナット：ナットの端面に6分割する溝を加工し、相手のボルト軸に直角方向に小穴を加工して締結したあと割ピンを装入して固定します。

⑤ダブルナット：止めナットとも称し、薄目のナットを最初に締め付けたあと、さらに正規のナットで薄目のナットを締め付ける2個使用の締結法です。最初に締め付けた薄目のナットはそのあと逆にゆるめる方向に回して正規のナットの合わせ面を押し付けます。この方法によって正規のナットとの間でナットの端面同士が押し付け合って強力に固定できます。

ナット1個で絶対にゆるまない方法ができないか種々の研究がなされてきました。東大阪市のハードロック社はボルト・ナットを製造販売していますが、ナットの形状のうち、端面を円錐状に加工して締め付けると楔状に食い込む原理を用いてゆるみ防止をすることに成功しました。販売を開始した際には大企業でなかったため、国内ではその技術が認められませんでした。アメリカで特許を取得してPRすると、その効果が認識されて爆発的に販売が増加しました。国内では逆にアメリカの推移を見て、あとから導入した経緯があります。現在は大きな衝撃がかかる機械、繰り返し振動がかかる部材、重機械などに広く採用されています。スポーツ分野では大きい衝撃荷重がかかるボブスレーのゆるみ防止が従来まで困難でしたが、採用したあと確実にその効果が認められました。

最近ではナットのねじ内に樹枝状のばねを追加して装入して締め上げるとナットがゆるまない特許も公開されていて、優れた効果が認められています。

ナットを締めた状態ではゆるみが判断できません。ナットを締めて組立を行う際の検査は困難です。その場合に採用している検査法があります。それはボルトの頭やナットを小ハンマーで軽く叩くやり方です。検査員は並はずれた耳を持っていて、叩いたときの音を聞き分けています。確実に締まっているときの音と、ゆるみが出ているときの音は明らかに差異がありますから、その音を聞き分けています。試験してみてください。

鉄道のレールの点検ではいつもこの方法で保守点検を行っていますし、機械類を組立完了したあとは必ず全部のボルトとナットを叩いています。

歯車――減速、増速に利用

歯車は機械装置内に収まっていますから、機械式の時計の外殻を開けたときには見ることができます。柱時計も前面の下部を通して構造をわずかに覗き見ることができますが、歯車の動きや形状は定かでありません。

歯車はどうして必要でしょうか。機械が動くためには電動機で回転するか、内燃機関と称するエンジンを動力にすれば可能ですから、歯車はあえて必要ではないと思われます。その役割や目的は何でしょうか。

電動機を例にして説明しましょう。家庭で使用する電気は交流です。電源の諸元は電圧100ボルト、周波数が50Hzあるいは60Hzです。交流電動機は回転に寄与する±の極を4個内蔵しています。この極に交流を流して±の反力と引力を繰り返しながら回転します。50Hzの場合、電動機の回転数は分当たり1500回転になります。60Hzでは1800回転になります。なお条件のうち極数が変われば回転数も変わります。回転数を計算する式が120×周波数÷極数で表されています。

電動機を2つのどちらかの回転数で使用するときは何ら問題を生じることはありません。たとえば扇風機、ジューサーミキサーなどはこれでいいかもしれません。しかし、時計の針を分当たり1500で回転させることはできません。洗濯機の場合も同様で、水をたたえて1500回転することはできません。そのように電動機の回転を減じて実際に合った回転数で使用する機器がたくさん存在します。

電動機の回転数を減じる方法は数種の方法があります。自転車に使用するチェーンもその1つですし、洗濯機の内部を見ればわかりますが、ベルトで減速しています。

電動機は回転数が変化（減速、増速）するとき、同時にトルクを伝達します。回転数を少なくしたとき伝達するトルクはその割合で増加しますから、チェーンやベルトは伝達力に限界が生じることがあります。そのため電動機の回転数を変化させるために一般に採用する方法が歯車の使用です。歯車はトルクの伝達も強力です。電動機の回転数を少なくすることを減速といい、反して増加することを増速といいます。増減速に使用する数個の組み合わせた一連の歯車の系列を減増速機と称しています。

減増速を容易に説明できる装置があります。まず減速機には水車があります。水の流れを利用して水車が回転しますが、回転軸に小歯車を取り付けて相手の大歯車を噛み合わせ、この系列をいくつか設けています。小歯車の回転は速くても、大歯車は同時に噛み合いながら回転が遅くなっています。回転数を遅くして臼をつく回数を加減しています。

増速の例は風力発電です。大型の羽根がゆっくり回転していますが、この回転数では発電できません。電動機は電流を流して1500回転しますから、発電はその反対に1500回転したときに発電するわけです。すなわち羽根は分当たり数回回っていますが、これを数百倍に増速しなければなりません。そのため羽根を保持する軸に増速機を取り付けています。

歯車を使用した減速機は産業機械だけでなく、家庭用の種々の機器、あるいは自動車のエンジンの回転数を調整するために使用しています。

減増速機は歯車と軸で構成しますが、なかでも歯車の精度は重要です。歯車の精度は歯車が噛み合うときの伝達力と噛み合い効率に影響を与えます。精度が悪くなれば伝達力が低下し、効率が悪くなれば潤滑油の温度が上昇し、早期の破壊に到ります。精度の良否が噛み合いの異音を左右し、滑らかな回転を左右します。ここで歯車の精度を簡単に説明します。歯車の精度には、次の4つが関連します。

・歯のピッチ（歯と歯の間隔）
・歯形（噛み合いが滑らかになるように、接触しながら伝達する歯の曲面）
・歯筋（歯幅の長さ方向の倒れ）
・歯溝（歯と歯の溝部の間隔）

それぞれの項目は細かく分けて規格に定めていますが、ここでは詳細を割愛します。その中で重要な項目について説明しますと、たとえば歯と歯の間隔を示すピッチが合っていない場合、ガタンガタンと噛み合うことになり、伝達がうまくいかないばかりか効率が悪くなり、振動や異音も大きくなり、潤滑油の温度が上昇して歯車箱の各部や箱から突き出た軸との隙間から漏洩が生じ、歯車の歯の摩耗が大きくなり、終局的には歯が切損する重大な局面に到ります。

減増速機メーカーは歯車に使用する材質を選定し、熱処理を施工し、機械加工時の精度を上げるとともに、歯車を収める歯車箱（ケース、ケーシング）の精度と剛性を確実に組み立てて製造しています。

減増速機は基本的な構造が歯車と歯車の噛み合いですが、歯車の代わりにピンを噛み合わせる構造や、歯車を同時に数カ所噛み合わせる遊星歯車構造、歯車の代替のベルト構造、チェーン構造などさまざまな機構を持つ種類が製造販売され、それぞれが一長一短を持つため選択して使用しています。筆者は上記のなかで最新鋭の遊星歯車を用いた減増速機を開発し製造していました。

遊星減増速機の構造は装置の中心に太陽歯車を置き、周囲に遊星歯車を3～5個配置して内歯車内に収めています。3種類の歯車はどれかを固定すると他の2つが回転して入力出力間でトルクと回転数の変換を行うことができます。また太陽歯車の周囲に噛み合う遊星歯車は、従来使用してきた対の歯車同士では1箇所でトルクの伝達が行われますが、本構造を採用すると噛み合い数（遊星歯車の数）に応じてトルクが配分されて小さくなるため、個々の歯車

遊星歯車の構造

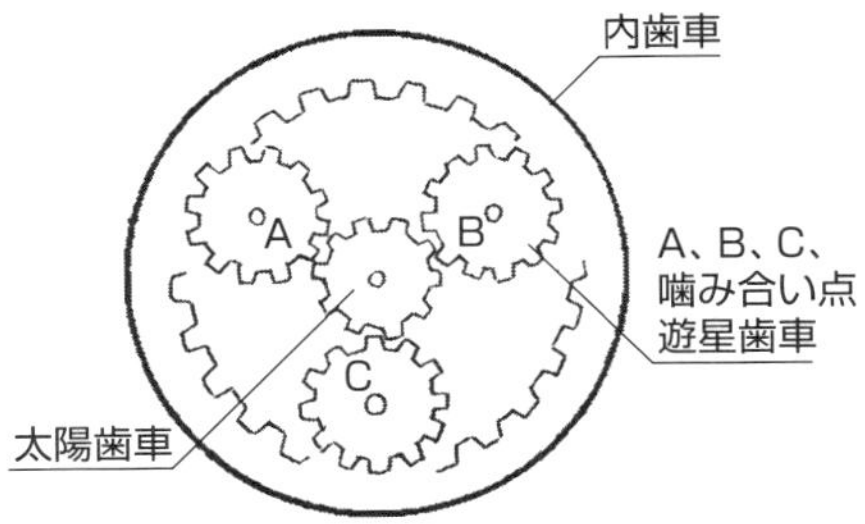

疲労限のモデル

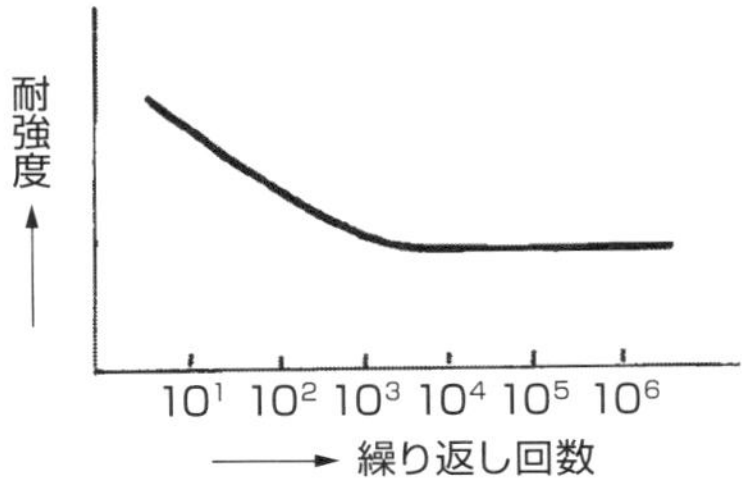

の耐強度をその割合で小さくできますから、遊星歯車の構造を持つ減増速機は従来の装置に比較して容積（外形）が3～4分の1以下に小さくすることが可能であり、追加して装置全体が極めて軽量になります。

遊星減速機の製造と販売が軌道に乗り、拡販が順調に進んでいた頃、某建設機械メーカーから引き合いがきました。国内の建設機械各社は競争が激烈で、企業の統廃合や提携が常在化していました。遊星減速機の引き合いは製造費用を低減し、新型を計画する目的でした。

通常建設機械も含めて多くの機械や装置は使用寿命を考え、設計時は一般に繰り返し回数を10の6乗をとっても故障しない、すなわち疲労限内に収めるようにします。すなわち機械装置を100万回繰り返して使用しても壊れない耐強度を持つように設計します。これが疲労設計の思想です。そのためには機械構造を構成する部材はそれぞれ同じ基準で計算して強度を決めます。もし1000回まで耐えればよいという条件と比較すれば、100万回は部材の強度を大きくしなければなりません。その場合は使用する材料や加工に経費が多くかかります。

建設機械は一般に100万回をクリアする条件で設計しています。しかし、機械構造内のすべての部材が同じく100万回繰り返すことはありませんから、使用の実際に応じた繰り返し回数を見つけて、それに応じた設計を行うことができればコスト低減に寄与することができます。

某建設機械メーカーはパワーショベルの走行原動部に遊星減速機を採用して新型を開発し、他社に先行して販売する計画でした。遊星歯車型に変更すれば容積が何分の1以下になり従来型に比較して取り付けスペースに余裕ができますし、軽量化できるため装置を支える部材も小さくできます。ただしメーカーの要求はそれだけではありませんでした。設計条件のうち寿命時間を500時間に指定したことです。

パワーショベルは作業現場まで大型トラックに載せて搬送されます。実際の稼働はショベルで土砂をすくい、旋回してトラックに積み込むという動きが最も多くなります。パワーショベルはトラックから現場に下ろされたあと自走しますが、現場ではわずかに前後に走行するだけです。比較するとショベルが荷の掘り下げや旋回する動作に比較して、走行は停まったままで、稼働する機会はわずかです。建設機械メーカーは新型開発の段階でこの稼働条件を主に計算した結果、走行部に装着する予定の遊星減速機を500時間にできれば、機全体の寿命が合致して部位がすべてほぼ同じ時間になると推定しました。

仕様ダウンのためのプロジェクトを創設して、遊星減速機を客先の仕様に合わせて数形式、それぞれ2セットを製作する計画でスタートしました。遊星減速機の耐用試験は動力計を使用して実際に荷重をかけて破壊するまで長時間運転します。動力計は負荷をかけた動力を示し、発生するエネルギーを吸収します。一連の動力を減速したあとは増速するために対の遊星減速機を使用します。いわゆる試験は動力循環方式を採用しました。専門的になりますから省きますが、試験は最初に遊星減速機の大きい仕様から始めました。その結果、減速機は設計上の寿命がきてもなかなか破壊しません。100万回を優に超えても丈夫なのです。100万回という時間は長時間ですから、仕様を2ランクも下げた遊星歯車に切り替えて短時間で勝負をかけました。それでも10万回になっても壊れませんから、さらに仕様を落としました。そのあと考えられないほど仕様を大きく落とした減速機が何とか数1000時間を超えて破壊しましたが、この仕様を持つ形式を決定して製造すればよいというわけにはいきません。製造精度を確保しても機体の破壊にはバラツキがあると考えられるからです。すなわち遊星減速機内の各部品が同時に500時間の寿命に収めることは計算上できないからです。

一連の試験からわかったことは、要求された500時間の寿命、すなわち500時間を超えた時点で破壊する遊星減速機を製造することは極めて至難の業だということでした。設計は今まで経験したことがないアンノンファクターがありますから計算できませんし、仮に図面ができても製造では部品精度のいろいろなバラツキがありますから、総じて機体の寿命を保証することは極めて困難でした。

繰り返し寿命が短期になるとき、単純に全体の仕様の形式をダウンすることは無謀です。採ることができる方法はある程度の仕様をダウンした形式を採用したあと、次は構成する内部の部品のいくつかと、とくに歯車の精度を併せてダウンする方策を採用しました。

歯車を使用する機構装置は歯車の精度を高くしなければなりません。耐強度に余裕が少なくなればなるほど精度を上げて効率を高めます。歯車精度はすでに述べたようにいくつかの項目がありますが、これらをすべて特級（日本歯車精度規格）〜1級に確保する必要があります。歯車は同時に面圧と歯を曲げようとする荷重（曲げ強さ）に耐えなければなりませんから、強靱な材料を使用し熱処理を施工します。面圧とは外力（噛み合う相手歯車から伝達されるトルク）によって歯の表面が押し潰されない抵抗を示す因子です。もし面圧が低いときは押し潰されて歯面が陥没しますから、表面を硬く熱処理しています。歯車が外力に耐えるためには上記の面圧と歯の曲げ強さに耐える抵抗力を大きくすることが重要です。ただし、歯の大きさ、すなわちモジュール（歯の大きさを示す寸法）を大きくし、歯幅（歯の長さ）を大きくすることはトルクの伝達に対して抵抗を増しますが、歯車装置の形式や容積によって限界が生じることは当然です。

歯の精度について仕様を落とすことはトルクの伝達効率が悪くなり、ゆくゆく歯の切損や摩耗を惹き起こしますから、通常は得策ではありません。しかし、加工や工程を増して歯の精度を維持することは簡単ではなく、工程が増加して経費がかかります。遊星減速機に使用する太陽歯車と遊星歯車は浸炭鋼を選択して歯切りしたあと浸炭焼入れし、最終工程で歯面を研磨（歯研）していました。浸炭焼入れすると歯面は硬さが最高に高くなり、歯の曲げ強さが向上します。歯研は浸炭焼入れしたときのわずかな寸法変化や歪みを除去し、歯面の粗さを向上します。しかし、歯研は長時間かけて歯を研磨しますから経費がかかります。歯研の方法は世界的にナイルス型（ヘフラー型）、ライスハウエル型、マーグ型と3分類した研磨法があり、それぞれ特徴を活かして現場の生産形態に応じて選択しています。

遊星減速機の歯車はドイツから輸入したヘフラー型歯車研削機を選択して研磨していましたが、最高の精度が確保される代わりに経費がかさみ生産性が落ちました。遊星減速機は軽量、高効率、小さい容積など多くの長所がありますが、製造原価が高くかかり高価格になる欠点がありました。一方、内歯歯車は歯が凹型ですから形状から考えてもわかるように耐強度が高くなりますが、それでも耐摩耗性と面圧を高くするために調質したままでした。内歯歯車は形状から歯研が不可能であることも理由の1つです。

設計者は歯車の精度を落として仕様をダウンする決断に躊躇します。しかし、500時間の寿命条件をクリアするだけの仕様を満足するだけであっても、設計は未知の世界を経験し渡らなければならない川がありました。結果的に歯研を止めることが経費の削減に大きく寄与することになり、歯車精度のダウンは目をつむることにしました。しかし、浸炭焼入れしたままでは精度が大きく落ちます。そこで熱処理で発生する歪みを少なくするために、材質を替えて窒化鋼を使用し熱処理はガス窒化に切り替えました。浸炭焼入れは900℃を超えた温度で熱処理しますが、ガス窒化は500℃ですから、歪みが少なくなり、併せて歯面の硬さはより高くなります。

遊星減速機の全体仕様の形式を落とし、歯車の精度仕様を落としたあと再度寿命試験をしました。その結果、試験機は形状、容積、重量が客先の要求を満足したものになりましたが、寿命は短期500時間を超えて間もなく破壊するという理想的な疲労破壊には到らず超過した時間になりました。また販売の見積価格は客先の要求に達しませんでした。しかし、このプロジェクトの立案と試験は多くのノウハウを得ることができました。たとえば歯の精度に関して歯が噛み合って正しく伝達する痕跡を歯当たりとして検査しますが、試験に供した遊星減速機を分解して調査したところ、歯当たりは良好で充分に確保していました。また設計は疲労限の考え方を再認識し、100万回に到らない寿命について新しい設計基準を確立できる目途が付きました。

日本製の中古車が国際的に高価格で取り引きされて輸出しています。ロシア、中国、東南アジア各国、インド、ブラジルなどでは日本の中古車を使用することが一種のステータスになると聞き及びます。わざとボディに書かれた日本語文字を消さずにそのまま残すことが宣伝効果を生み、販売に寄与するといいます。これらの日本製の自動車は100万回以上の疲労限寿命ですから、過剰品質でもあるわけです。

ドリル――溶けにくい鋼を利用

工作や日曜大工などでは、簡易な手動式の電気ドリルを使い穴をあけます。ドリルはスパイラル状にねじれていて、直径と長さを揃えて多種多様な形状のものが販売されています。木工用とコンクリート用は材質を分けて製造しているようですが、基本的にはハイス（ハイスピードスチール、高速度鋼）です。

ハイスは高炭素鋼にタングステン18％、クロム４％、バナジウム１％を添加した高合金鋼で、18―４―１鋼と称します。タングステンは高融点金属とい い溶融温度が３３８０℃、密度が19・３とかなり重い金属です。だからドリルも重くなります。

ハイスの語源はハイスピードですが、これは高速で切削することができるという意味になります。高速で切削する目的は、対象物が何を切削するかですが、多くは鋼です。すなわち、旋盤など工作機械で鋼を切削する際に高速で切削できます。高速で切削すると刃具の刃先の温度が上昇して加熱を受け、摩耗が激しくなります。高速で切削して生産性を向上させると、刃具の摩耗を少なくすることができます。このハイスはそれを可能にした鋼です。ここではドリルについて言及しますが、一般に高速度鋼を利用した刃具と称するバイトやカッター類のすべてに当てはまります。

ハイスは形状を成形したあとに熱処理します。熱履歴は１３００℃まで加熱したあとに油冷し焼入れします。そのあと５５０～６００℃で焼戻します。高温で焼戻しても焼入れ時の硬さが落ちることはありませんから、使用時はこの温度まで上昇しても硬さが落ちず、そのために耐摩耗性を維持できます。またタングステンは高融点金属ですから、元来耐熱性があることも高温時の摩耗を少なくできます。

タングステンは高価格です。日本ではタングステン鉱石を採取できないため輸入しますが、タングステンに替わる金属にやや安価なモリブデンがあり、この金属は融点が２６１０℃、密度が10・22とやや類似して、性質も似ていますから代替できます。

ハイスはもう１つのよい性質を持っています。それは極めて靭性に富む材料であることです。だから切削時に切損することは稀です。また断続切削における衝撃や横荷重がかかる切削などにも耐えることができます。深穴加工を行うときドリルを使用して切削加工する際には、専門の作業者は必ずといっていいほどハイスを選定して使用します。もともと深穴や長穴加工時にはハイスを使うことが機械屋の一般常識ですが、他の対策もありました。それは万が一ドリルが折れたときの用心のためです。加工時にドリルが折れると、折れた先端を穴から取り出すことが困難です。そのときはドリルの先端部とそれを取り出すバーを溶接して接合し、何とか穴の外に除去することが可能です。現場に精通した機械屋のノウハウです。

ハイスの熱処理

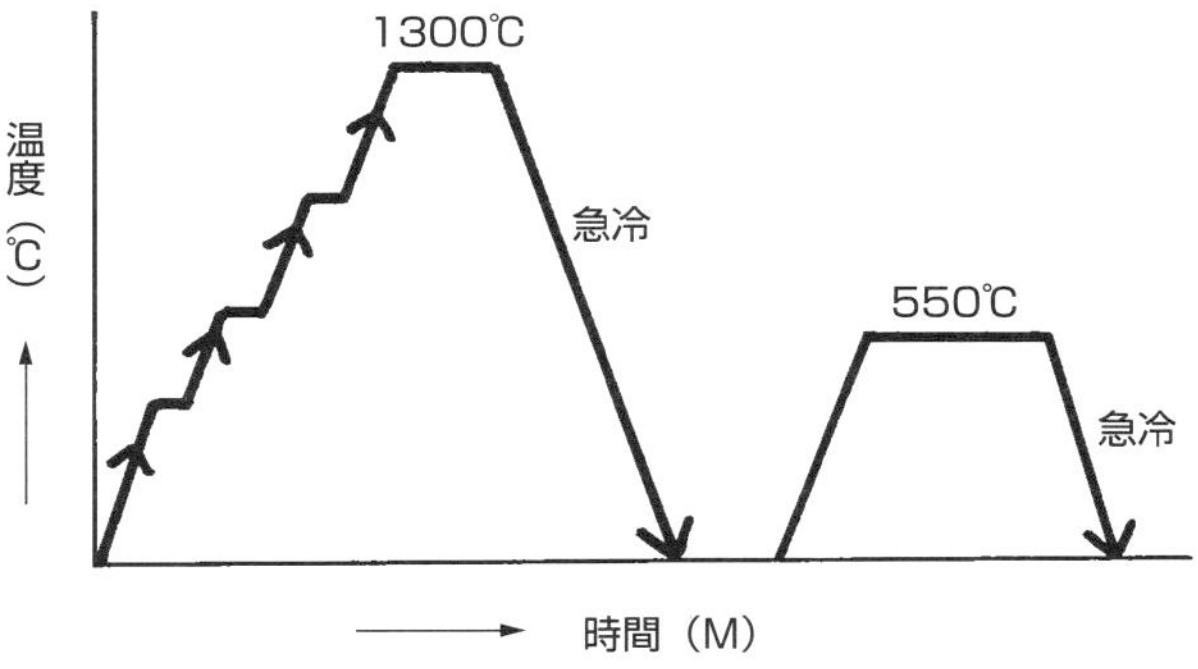

切削加工における刃具は生産性を上げるために高速切削したとき、高温に加熱されても耐摩耗を維持できる材料の開発の歴史でした。

一方、超硬は鉄や高融点金属の炭化物などの粉末を圧粉して焼結した材料です。超硬で製造した刃具はハイスよりさらに高速で切削でき、機械加工の生産性は格段に向上しました。しかし、超硬には欠点があります。靭性がハイスと比較して落ちるため、断続切削では刃具の切損を生じやすくなります。よって超硬製のドリルは短穴や軟材料向き、連続部の穴明けの使用に選定しています。

木工では材質が軟らかいので超硬製ドリルを使用できますが、硬質のコンクリートの加工ではハイス製ドリルを使用することが得策です。

キー――回転する部品には欠かせない

キーといっても鍵のことではありません。機械工学上の締結を行う機械要素です。たとえば、歯車と軸が外れないようにするために、回転する方向にキーという出っ張りで止めて固定する方法です。

軸を締結する方法から話しましょう。まず有効な方法は前述したように焼嵌めです。穴を加熱して膨張させて大きくしますが、加熱方法で簡単な方法ではアセチレンバーナーによる加熱、設備的には加熱した水や油の液体中に浸積します。穴の直径が膨張して軸直径より拡大した時点で嵌め合いします。穴の冷却が進めば元の寸法に収縮しますから、その時点で強力な締まりになります。これが焼嵌めによる締まり嵌めですが、新幹線の車輪と軸の嵌め合いはこの方法を採用し、しかも嵌め合い代を300㎜の直径に対して0・3㎜と極めて大きく採っています。

逆に、軸を冷却する方法があります。軸を0℃以下に冷却して収縮したあとに装入して嵌め合わせる方法で、これは冷やし嵌めといいます。

加熱や冷却によって嵌め合いをした場合は、分解するときは再度加熱し、穴を膨張させて抜き出しますが、多くは分解する機会はなく、嵌め合いしたあとは一体物として考えています。新幹線の車輪も摩耗が進んだときは、車軸と一緒に寿命として廃棄しています。

一方、分解して再組立する場合はキーを使用します。焼嵌めや冷やし嵌めが締まり代で回転トルクを伝達する方法に対して、キーはキーの側面方向の剪断力により力を伝えています。キーは穴と軸双方にキーを装入する溝を加工し、そこに装着します。
　キーはトルクの伝達に対して抵抗する剪断力が必要ですから、機械構造用炭素鋼のうち、0・45～0・50%の中炭素鋼を使用し調質します。剪断力を増すためには材質と熱処理以外にキー寸法が重要であり、キー寸法を大きくし長さを増します。穴の直径によりキー寸法はJISで定められています。またキーを長くすることは加工精度を維持するために限界があります。

キー

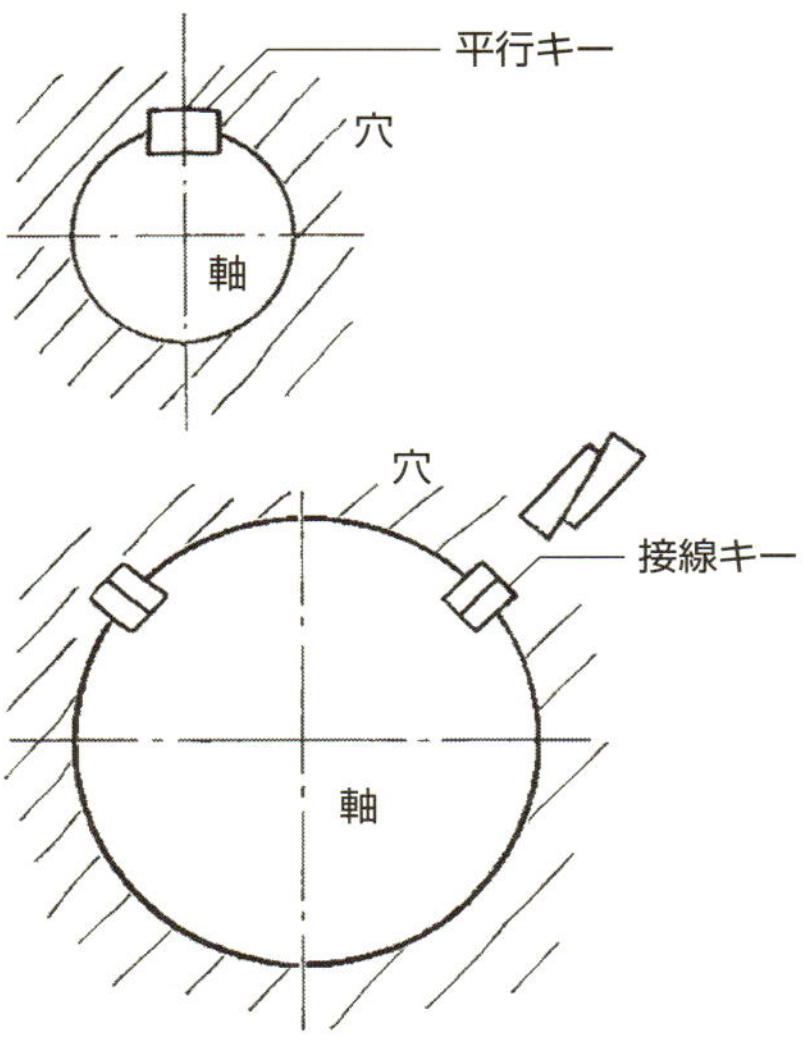

　キーの種類や形状は各種がありますが、一般的には平行キーを使用します。このときの穴と軸の嵌め合いは中間嵌めといって隙間代でも締まり代でもよいとしています。嵌め合いが中間嵌めですから分解再組立は容易で、キーが傷んだときは取り替えできます。穴を持つ車輪や歯車、あるいはそれに合わせる軸を部品交換する場合はキーを新品に替えますが、出荷時はキーを軸に添えることが取引の慣習になっています。
　大阪の淀川河口の浚渫《しゅんせつ》工事に、ある港湾工事専門企業が大型浚渫船を使用していました。その浚渫船は甲板中央部に30mと高い掘削機を取り付けて真下からスパイラル状の大型錐を海底に突き込んで地盤を掘削したあとにセメントミルクを注入するという手順でした。掘削機は大型の交流電動機で減速機を回転させる原動部を持ち、大型長錐の軸とカップリングで連結していました。
　クレームは、原動機は回転するけど、錐が回転不能になったという連絡でした。早速、作業者3名を引き連れて出達して大阪港からはしけで浚渫船に乗り移り、30m上の原動部を点検しました。しかし、なかなか原因がわかりません。やっと下に降りて打ち合わせした結果、翌朝からクレーン船を雇い原動部を分解して下ろすことにしました。

翌日、原動部を分解して点検しました。原因はすぐわかりました。原動部とスパイラルの大型錐軸の連結がうまくいってなかったのです。原動部の軸と大型錐の軸はカップリングを介して連結していますが、片方のキーが外れて空回りしていました。

特急で製作して航空便で送付させた新しいキーを確実に装着して再組立してクレーンで上架し、元通りに取り付けました。試運転の結果は順調でした。

キーは小さな部品ですが、取り付けを誤ると大きい事故に繋がります。

大型で重機械用の穴と軸の締結は平行キーに替えて接線キーを使用します。外径が5mで穴径が3mのロープ巻き取りドラムに軸を収めて締結するときに接線キーを使用しました。すなわち軸は3mと大型径です。伝達トルクは50トンメートルの大型重機械ですから接線キーが必要です。接線キーは機械構造用炭素鋼の中炭素鋼を調質したあと、確実に加工し平面を研磨しました。穴側と軸側の溝にキーを合わせながら平面を摺り合わせします。溝とキーおよび2つのキーは互いに隙間がなくピタッと収めることが必要で、とくに接線キーの勾配の手入れは鉛丹（赤丹、酸化鉛）を塗布しながら摺り合わせしてミクロンオーダーまで精度を上げます。2つの接線キーの勾配面を滑らかに仕上げると、その面を合わせたときに接着したようにピッタリくっついて外れないほどになります。

この状態で片側のキーを打ち込んでいくと溝に確実に収まり、キーとしての効果が確実になります。

現在、このような技能を持つ貴重な現場の方が少なくなり、伝統の技が消えようとしていることは残念です。

無給油軸受——金属に潤滑油を閉じ込める

昔の自転車は滑らかに回転するように週に1回は車軸の給油ポットに油を差しました。その頃の自転車の車軸には中央部分に給油ポットが設けられ、小さい蓋を開けてポットに注油します。当時の軸受はすべて給油型でした。自動車も同じく下に潜り込んで給油していましたが、このときは液体油脂ではなくグリースをグリースガンで差す方法でした。

グリースの種類は夏季と冬季で粘度が大きく変化するので使い分けていました。このような給油は最近では見られなくなり、「無給油で5万㎞を保証」という自動車の触れ込みが通常になった経緯もあります。現在は走行距離の制限もなくなり自動車の寿命が尽きるまで給油することもなくなりました。もちろん自転車に給油することもありません。

身辺には軸受を使用した種々の機器がたくさんありますが、それらのほとんどは無給油で、給油する機会はありません。家庭のミシンにも粘性が小さい油を差すための油差し器が付けてありましたが、現在はそれもありません。

軸受がどうして無給油で滑らかに回転し、しかも半永久に使えるようになったのでしょうか。それは無給油軸受を使っているからです。従来の主な軸受はころがり軸受ですが、無給油軸受はすべり軸受で、接触部は転がることなく摺動、すなわちすべりながら回転します。

無給油軸受の製造は鉄の微粉末を高圧で圧縮したあと高温で焼き固めます。これを焼結といいます。鉄粉を金型に入れて高圧で圧縮すると目的の形ができ、これを成形といいます。成形体は空気中の酸素で酸化しないように中性あるいは還元性の雰囲気中の焼結炉に入れて1000℃近傍で焼くと、表面が綺麗で寸法精度のよい焼結体ができあがります。しかし、もともと鉄粉を成形し焼結したままですから、内部の密度は100％ではありません。焼結体内部には空隙が残っています。空隙の大きさ、量や形状は条件によりある程度制御できます。

潤滑油の入った軸受

自転車の軸受にも
利用されている

焼結体は空隙を持つためこれを利用して潤滑油を封入することができます。そのため空隙は油溜まりになります。軸受を使用する前に潤滑油を封入しておけば使用中に改めて給油する必要はなくなり、無給油軸受として永久に使用することができます。現在はこのように鉄以外にも同様な方法で、あらゆる金属の粉末を成形し焼結した商品を開発し多用な分野に使用しています。

新幹線の牽引車輌は常時電線から電流を取り込みながら走行しています。パンタグラフがケーブルに接触して走行している様子を見ることができますが、すべりながら直接電流を取り込んでいる部品はガイドシューです。ガイドシューは銅粉と炭素粉を混合して成形し焼結しています。銅粉を入れるのは電流を流れやすくするためで、炭素粉は摩擦係数が小さくすべりやすくするためです。もちろんすべりによる摩耗はありますから定期的に交換します。

同様な成分で製作している部品にバイクや自動車のディスクブレーキのパッドがあります。

モリブデン粉の成形・焼結体は電気機器、制御機器のスイッチ類に多量に使用していますし、金粉は焼結して装飾品や、入れ歯などに利用しています。

成形・焼結の長所は空隙を利用する以外に、焼結時の温度が溶融して鋳型に鋳込む方法に比較して低いため、省エネ効果が期待できますし、種々の成分を容易に混合して新たな合金を造り出すことが可能ですから、これからますます拡大すると予想されています。

このように金属の粉を使用した製造分野の全般を粉末冶金と称しています。現在は多くの金属粉末を製造する企業群や、成型焼結を行っている事業体など全般の粉末産業が盛んです。

Column

重りに利用する鉄

大根を樽に漬け込んで漬け物を作るとき、蓋の上に石の重石《おもし》を置きます。どうして重石を載せるか考えたことはありませんか。この石は大方の経験により大根の量に合わせて重さを決めているそうです。重石を載せると大根の繊維を圧迫して水分を外に出しますから成分と味がより凝縮します。浸出した液汁が樽内に行き渡り、悪玉の微生物の侵入を防ぐことができます。重石で圧下した状態では大根が空気と接触しないため、乳酸菌の増殖を促進して発酵し、アミノ酸や旨味成分を増加してくれます。重石はそのような諸々の効果があります。

重石は石を利用しますが、これは塩分などで腐食しないからです。重石は墓石と同じで耐食性があります。安価でもあり、河川に行くと浅瀬に転がっています。しかし、最近は樹脂でコーティングした重石を販売しています。

最近は見かける光景が少なくなりましたが、たまに山の幸の果物や野菜を山盛りしたリヤカーを見ます。移動式の八百屋というところでしょう。リヤカーを引くお婆さんが使う秤は、今なお長い棒状の片側に吊すフックを持つ棒天秤（地切《ちき》りと称した）です。

天秤は品物の重さを計るとき片方に重りを下げ、吊した品物と棒が平行にバランスしたときの重りの位置に刻んだ目盛りを読み取ります。

棒天秤（地切り）

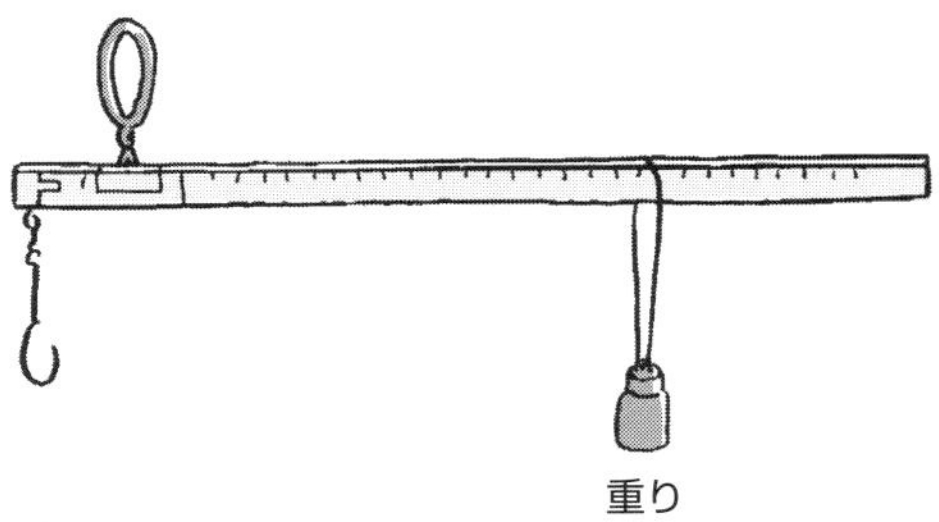

第3章
重くて丈夫な「鋳鉄」

歯車のケース――キューポラで鋳物

友人の工場では数10kWクラスの特殊ギヤードモーター（電動機と歯車減速機を組み合わせた一体物）を造っています。ギヤードモーター業界は競争が激しく、価格も材料費にわずかな工賃を付けた程度の水準ですから、利益が微少になります。しかし、友人の経営は特殊仕様を受注し、短納期で納入する体制を取り、高い利潤を得ています。

受注したあと歯車を削り出し、歯車を収める箱（ケース、ケーシング）は鋳型を造型し、湯を沸かして鋳込み、砂落としを行い鋳物を造り、そのあと機械加工する工程ですから、時間がかかります。

機械加工がすべて終了したあとに組立して運転検査し、発送する日程を納期に合わせる必要がありま す。とくに鋳物を造る工程は手間がかかります。

この工場では鋳物の湯をキューポラ炉で沸かしていました。キューポラは至って簡単な構造の溶解炉ですから、国内では各地に多くの家内工業的な工場が存在していました。農機具、漁労用器具、林業用器具などは街の鋳物屋さんに簡単に注文できましたし、特殊品も作ってくれました。しかし、最近は鋳物屋さんが街にいなくなり、キューポラもなくなりましたから、すぐ注文できる機会はなくなり、機械器具が故障したときは部品をメーカーに注文しなければならなくなり、不便さを感じることがあります。

基本的に鋳鉄をキューポラで製造することが容易である理由は、鋳鉄がおよそ1200～1300℃、鋼が1550～1600℃で溶解して鋳造するため、比較して低い温度で操業できるからです。

キューポラの構造は寸銅の筒と考えればいいでしょう。筒状の鉄板外皮内を断熱と耐火煉瓦で築炉し、底部近くに送風用の羽口を設け、底部に溶融した湯を溜める炉床を設けています。キューポラに使用する材料は屑鉄、ダライ粉（鋳鉄の切り屑）、切り端鉄材で、コークスを同時に上部から装入して羽口から空気を入れて燃焼すると、鉄類が還元されて溶融して炉床に溜まります。炉床の側部に前炉を設けて溶融鉄が溜まる構造にしていますから、溶湯を取鍋《とりべ》に汲み取って鋳型に注入する仕組みです。キューポラは連続式に操業ができ、煙は上部から排出します。

キューポラ炉

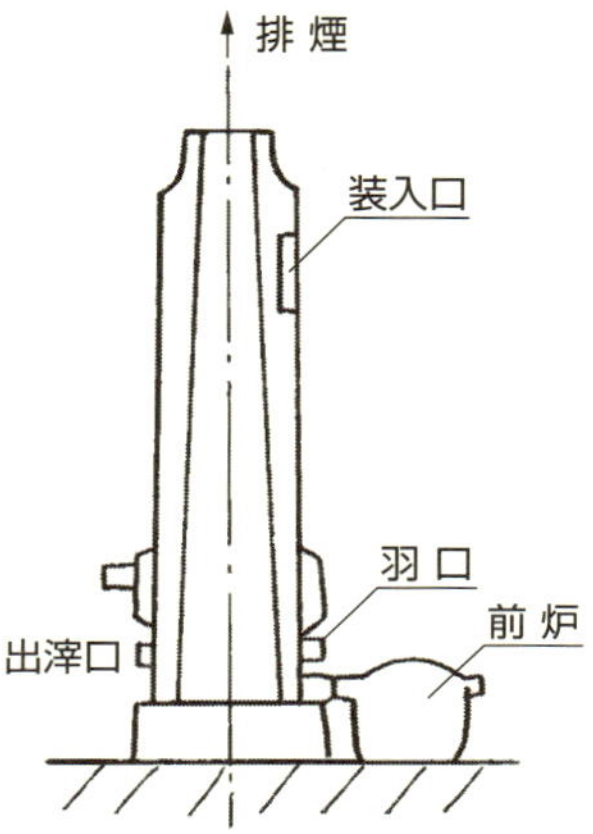

キューポラの能力は溶融重量で時間当たり小型炉が1～3トン、大型炉は100トン程度です。いずれにしてもキューポラの炉構造がシンプルであり、操業は経験を積めば割合に容易であるため、安価に鋳鉄の鋳物を造ることができました。

歯車のケースは肉厚が薄物で、中は空洞、外側の周囲は冷却用の薄いフィンを付けています。鋳物品としては割合難しい形状です。しかし、鋳鉄の湯はキューポラで沸かすと、鋳型によく流れて、薄肉部、細い箇所、精巧な形状やフィンにもよく湯が廻り、細部や精緻な形状を造ることができます。

フィンを持つ機械部品は身の回りのあちこちで見ることができます。電柱の上部に設置した電圧変換用のトランスは鋳鉄製で1個100kgを超える重量物です。トランスは電圧を変換するときに内部に組み込んだ珪素鋼板を介して2次電圧を誘導します。その際に発熱しますから、トランス表面を空気冷却できるように、フィンを付けて表面積を多くし冷却効率を高めています。

南部鉄瓶——錆《さび》防止に金気止めで造られる

南部鉄瓶は家庭でも少なくなりました。南部鉄瓶は奥州南部の特産品です。南部地方は昔から良質な砂鉄を産出していました。その砂鉄を利用した鉄器産業が発達したことは当然だったでしょう。

南部鉄瓶はどっしりして肉厚が厚いので1度水が煮立ったらなかなか冷えません。鉄瓶の形もさまざまあり、外表面の模様柄も独特の図案です。

鉄瓶の造り方を説明しましょう。鉄製の枠内で型を造りますが、まず枠の周囲に川砂や砂利を入れてバックアップ用（湯を入れたときに型が外側に向かって張り出そうとするため、それを押さえる役目がある）とします。中央部分に型を造る砂を入れ（自硬性といい、固まりやすいように添加物を混入した砂を用いる）たあと、鉄瓶の外周の形状に合わせた断面形状の板を、中心を固定して回転させます。1回転すると鉄瓶の外径と同じ窪みができます。この方法は回し型法による造型といいます。そのあと側面の外周部に文様の型を押し付けます。これができあがったときの鉄瓶外面の文様になります。

型は時間を置くと乾燥して硬化していきます。その鉄瓶の内側の型と同じ乾燥した中子を装入します。これで型の準備が終了しました。

湯はキューポラで沸かした鋳鉄です。これを取鍋に受けて、型の湯口から流し込みます。これで鋳込みが終了します。冷却したあと型をバラして中の鋳放し品を取り出して、後処理に湯口など各不要部分を切断して形を整えます。

普通の製品では、このあと表面や付着物をショッ

南部鉄瓶

重厚で独特の表面を持つ

トブラストなどで落とし、清浄に仕上げていきます。

しかし、南部鉄瓶はさらに外面に酸化被膜を付ける処理を行います。それは燃焼した木炭中に入れて800～1000℃に加熱すると酸化して独特の色合いや光沢、黒光りする色調ができあがります。酸化被膜は銹（錆）を防止し、使えば使うほど磨かれて美しい表情になります。酸化被膜を付ける方法は、「金気《かなけ》止め」というほかには見られない優れた伝統技法です。

　鉄瓶はもちろん鋳鉄で作ります。それは鋳鉄が鋼に比較して耐熱性が良好だからです。鉄瓶や鍋に使用すれば、食品が過熱しても焼き付くことがありません。これは基地内部にさまざまな形状の黒鉛（鉄基地に固溶できない遊離した炭素）が存在しているためです。すき焼きには鋳鉄鍋を使用しますが、代わりに耐熱性がよいステンレス鍋を使用したときには肉が焼き付いて焦げてしまいます。

　南部鉄瓶の蓋には1箇所小さな蒸気の排出穴をあけています。沸騰したとき一般のアルミニウム製のやかんは蓋が吹き上がりますが、南部鉄瓶の蓋は重いので水が沸騰しても吹き上がりません。

　岩手県奥州市水沢江刺駅前には超大型の鉄瓶が座っています。このジャンボ鉄瓶の寸法と重さは、直径が2・5m、重量が1・8トンで日本一、いや世界一です。10月の水沢産業祭りに芋の子汁を作る鉄鍋は直径が3・5m、重量5トンです。1回の量で6000人分の汁を煮出すことができ、老若男女、観光客にも振る舞われるといいます。

郵便ポスト——耐久性が優れる赤いヤツ

旧式で丸い寸胴型の郵便ポストが街角に1人立っている風景がありました。現在は田舎に行くとまだ残っています。郵便ポストを鋳鉄で製造した目的は、地震や外力に耐える頑丈な構造であること、耐久性があること、雨水の浸入がないこと、火事などに耐えること（内部が燃焼しない温度まで）、製造原価が安いこと、量産できることでしょう。

郵便ポストを鋳造する手順は以下の工程になります。木型はポストの外形状に作ります。鋳型は上型と下型をそれぞれ造型しますが、まず下型に木型を入れて砂を込めますが、木型はポストの胴の半分まで砂の中に沈めます。砂が硬化すると木型を抜き、次に同じやり方で上型に木型を入れて砂込めします。抜型すると上型と下型の造型ができます。鋳物では鋳型を製造するときに中子を使用し、中子は前もって砂で造型しておきます。この中子がポストの空洞と同じになります。すなわちポストの外形と中子間に溶湯が流れ込み、隙間がポストの肉厚になります。中子をセットしたら下型に上型を被せます。これで注湯の準備ができました。差込口や下の取り出し口を造る手順もありますが、ここでは割愛しました。

下型と上型の合わせ面を見切りといいます。この面は注湯後に鋳放しやすいように離型剤を塗布しておきます。合わせ面に隙間があると湯が隙間に流れてしまいます。この鋳型に注湯して冷却し、鋳型から鋳放して手入れすると鋳物の郵便ポストが完成します。

郵便ポストの外面を詳細に観察すると、ペンキを

懐かしい郵便ポスト

塗布していますが鋳肌のザラザラの状態がわかりますし、上下の鋳型の見切り面（胴の縦方向2箇所）に湯流れした出っ張りを手入れした跡が見えます。

郵便ポストの形状も変遷があります。直径や長さおよび差込口などが少し変わっています。いずれにしても鋳鉄製の郵便ポストは耐久性があります。

ドイツの郵便ポストは日本製と比較して鉄板製の箱型です。便利な点は側部にコインを入れると切手が出てくる自動販売装置が付設しており、その場で投函できます。欧州人はこのような小さな事をとっても非常に合理的な考えを持っています。日本では郵便ポストはあるが、別途切手の販売店を探さなければなりません。

ただ、これから郵便ポストの利用はどんどん少なくなるはずです。それはインターネットや携帯電話の普及にありますし、手紙を利用するとしても民間メール便が安く利用できるからです。官は民より遅れていて勝てません。

マンホールの蓋——今やテロリスト対策にも利用

マンホールは地下を通る上下水道孔の出入り口にカバーをかけた蓋です。マンホールの材質は鋳鉄です。

マンホールの蓋に要求される性質は、次のようなことです。

①蓋の上にかかる重さに耐える強度を持つことです。かかる重さとは衝撃や定常荷重もあります。

②蓋は開閉をするため強度を持ちながら軽量で取り扱いしやすいことが要求されます。また同時に持ち去られない配慮が必要です。

③蓋は上面が耐摩耗性を持つこと。人や車両が踏むときに少しずつ摩耗しますが、擦り減らずに寿命を保つ必要があります。

④蓋の上面がすべりにくいこと。そのためスリップ防止が必要で、多くは模様がつけてあります。

⑤蓋の模様はデザイン性が必要です。形状は円形であること。円形にする理由は下に落ち込まないためですが、その対策を講じていればこの限りではありません。ただし、固定式で通常開ける機会が少ない蓋には長方形があります。

国内でマンホールを設置した時期は欧米よりかなり遅れていました。それはとくに欧州のフランス、ドイツ、イギリスの先進国が上下水道を早くから完備したため、マンホールの採用も進んだからです。

映画「第三の男」で俳優ジャン・ギャバンがマンホールに入るシーンがあり、上下水道の大きさは高さの幅も数mと大きく頑丈に作られていました。パリではすでに100年以上前からこのような上下水道を地下部に入れて、同時にガス管や電線も格納してきました。もっと古い事例はローマ時代にも石を敷き詰めて作った排水路があります。

マンホールの蓋が具備する項目を満足するために、材質を鋳鉄にしています。鋳鉄は鋳鋼と比較して低い温度で溶解できますから、鋳型の強度もその分低くでき、総じて製造費用が安価になります。先に述べましたが、湯の流れがとくに良好ですから、細い隙間にドンドン流れていきます。だから薄肉物が作れ、細かい飾り模様も明瞭に現れます。マンホールの蓋の上面の模様を作ることは容易です。たとえば鋳鉄の湯の流れを利用して製造した事例に門扉があります。細い部材がしなやかに見え、模様が繊細です。

バイクの空冷エンジンは外部にフィンを設けています。フィンは厚さが薄く、隙間なく針を刺したようにエンジン外面を覆っていますが、これは空気との接触面積を多く取り、エンジンの冷却効率を高めるためです。熱交換機器の働きを行う蒸気ストーブは鋳鉄製です。蒸気ストーブは内熱を外部に放熱する機器で、エンジンのフィンの役割と熱の出入りが逆になりますが、交換効率がよくなるように同じくフィンを設けています。

普通鋳鉄は破面が灰色ですからねずみ鋳鉄といいます。鋳鉄の強度は鋳鋼に比較するとかなり低くなり、普通鋳鉄（ＪＩＳ規格はＦＣ材）は衝撃を加えると容易に割れ、引張強さも低くなります。そこで、鋳鉄が持つ特性を維持したままで機械的性質を高める研究が行われてきました。その結果、数種の新しい鋳鉄が開発されて実用化しています。それらをご紹介しましょう。

（1）ミーハナイト鋳鉄

１９２２年に発明され古くから使用してきました。鋳鉄基地に存在する黒鉛を微細化して均一に分布したパーライト基地を持つ強い鋳鉄です。溶湯にカルシウムシリサイドを接種（溶湯中に入れて凝固を早める核として植え付ける目的がある）して造る製造法です。機械用、耐熱用、耐摩耗用、耐食用に広く使用しています。

(2) 合金鋳鉄

特殊鋳鉄ともいい、鋼と同様に合金元素であるニッケル、クロム、モリブデン、チタン、バナジウム、銅、ジルコニウムなどを添加して性質を改善しています。合金元素は基地を強化するだけでなく、基地の中の黒鉛を微細化する効果があります。

(3) チルド鋳鉄

溶湯は一般に砂型に鋳込みます。砂型に鋳込まれた溶湯は徐々に冷却します。しかし、金型の鋳型に溶湯を鋳込むと冷却速度が大きくなり、金型に接触した表面は黒鉛が析出する時間がなく、急冷した白い鋳鉄ができます。これは白鋳鉄といい非常に硬い性質を持っています。白鋳鉄が生成する現象はチルといい、チルドロール、チルド車輪、鋤《すき》の刃などに使用します。

内燃エンジンは燃料と空気の出入りを開閉するためにカムシャフトでバルブを稼働します。このカムシャフトは高温でさらされた雰囲気中で高速回転するため耐熱性と、バルブとの接触時に耐摩耗性が要求されます。従来は浸炭焼入れして硬さを付与していましたが、200℃を超えた雰囲気では硬さが軟化してすぐ摩耗して寿命がきます。そのため500℃まで軟化しないで硬さを維持できる白鋳鉄に替えて長寿命を確保した歴史があります。白鋳鉄は耐熱性が大きな鋳鉄です。

(4) 可鍛鋳鉄

可鍛鋳鉄は白鋳鉄で鋳込んだあと熱処理して靱性を与えた鋳鉄で、衝撃抵抗性や機械切削性が必要な部材に使用します。可鍛鋳鉄は2種類あり、1つ目は白鋳鉄を酸化鉄で包み900℃近傍で加熱して表面を脱炭した白心可鍛鋳鉄で破面が白くなります。JIS規格はFCMW記号で指定しています。

2つ目は同じく白鋳鉄を約950℃で長時間焼な

まし（焼鈍）て黒鉛化した黒心可鍛鋳鉄です。JIS規格はFCMBです。白鋳鉄の炭素はすべてセメンタイトに代わり一部がパーライト組織になり、残りの炭素が遊離して存在しますから、焼なまし後はセメンタイト組織中の炭素が微細に黒鉛化し、フェライト地に分布した基地になります。

(5) 球状黒鉛鋳鉄

1947年にギリスで偶然に発明された鋳鉄で、ダクタイル鋳鉄あるいはノジュラー鋳鉄とも称します。JIS記号はFCDです。鋳鉄の溶湯にセリウムを添加したとき黒鉛が球状化する現象を発見したことが基本の製造特許になりました。現在は添加にマグネシウムを使用しています。球状黒鉛鋳鉄はパーライト基地に球状の微細な黒鉛がほぼ均一に分布し、黒鉛の周囲はフェライト組織で囲っています。黒鉛が丸くなるため切り欠きにならず機械的性質が驚異的に向上しました。とくに引張強さが大きく向上するとともに、併せてのびも改善したため、現在は鋳鉄管、鋼塊（インゴット）用鋳型、ロール、歯車、ライナー、炉金物などに多用しています。

マンホールの蓋は上記の材質と構造に関して歴史があります。普通鋳鉄製は明治10年代後期に神田の下水用に使った例が最初です。それまでは井桁《いげた》を組んだ木製でした。蓋の形状は平受型といい簡単な受け方が汎用的でした。しかし、蓋の寸法に隙間があるためわずかに移動して位置が狂うことがあり、ガタが生じて異音が発生しました。

蓋は重量が増加すると取り扱いが不便になり軽量化が研究されました。そのために材質の強度を高める必要があり、普通鋳鉄から次第に球状黒鉛鋳鉄の使用に替わってきます。さらに強度が高い合金鋳鉄の使用も行われます。蓋の形状と構造も研究が進み、勾配受型が今までの欠点を補ってガタがなくなりました。蓋は専用の開閉器具を使用して梃子の原理で開閉することができましたが、重量物の取り扱いは難儀しました。

マンホールの蓋の止め方

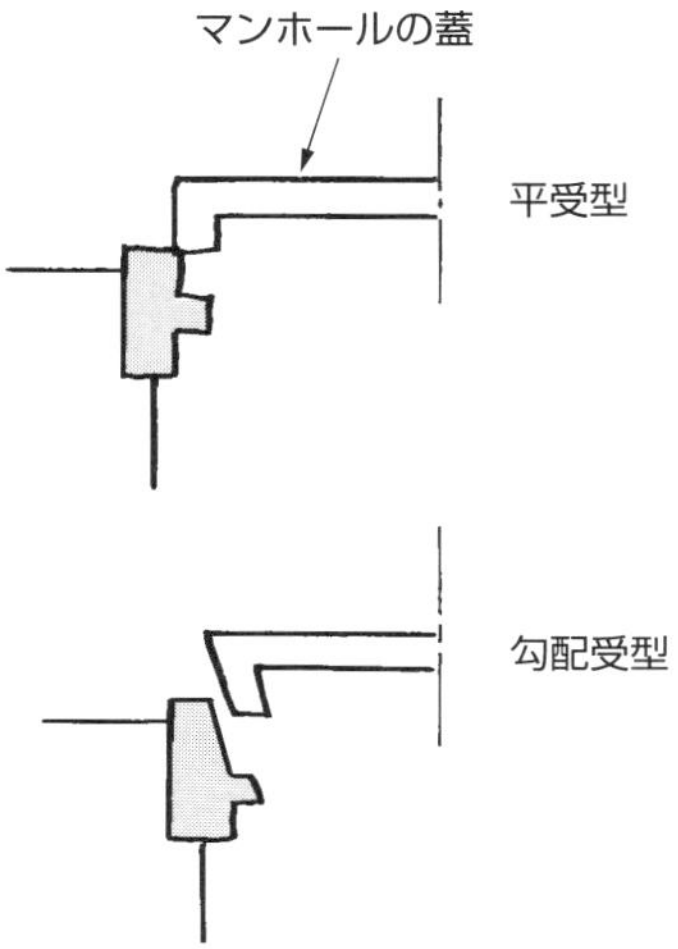

蓋の上面の模様はそれを使う自治体や地方色を表すデザインが見事です。模様の第1の目的は、縦横方向に凹凸をつけて蓋の上面ですべらないように安全を最優先することです。さらに模様に特色をつけることにより、見る人に温かさを感じさせ、飽きが来ない意味があります。自治体では市町村のシンボルを表す花や樹木、動物や魚のマークなど千差万別で、特色を表すように配慮した模様があります。

マンホールの蓋は開閉が容易でなければなりませんが、そのため盗難やマンホールの中に潜んで事件を起こすテロリストの隠れ蓑になる恐れがあります。そこで取り扱いのうえで、ジャッキ専用工具がないと開けられない「省力型マンホール蓋」を奥州市のタカシュウが発明し、アメリカのテロ対策製品に日本初の企業として２００９年に認可されました。

タカシュウは日米特許を取得し、すでに北海道と奥州では電話線の共同溝マンホールに多くの実績があり、アメリカでは「マンホール・カバー・セキュリティ・システム」としてアメリカ全土の主要な政府・軍事施設の光ファィバーケーブルを埋没したマンホールの蓋に使用しています。このジャッキを使えば片手で数百kgの蓋を開けることができるので作業時間が短く、アメリカではテロ対策に有効と大評価されています。マンホールの蓋は古くからある商品ですが、地方の中小企業が蓋の開閉を考えたキラリと光る技術として貢献しています。

旋盤のベッド――ガタが来ない寸法精度

一般の方々は旋盤といっても、ご存じないでしょう。旋盤は工作機械の代表的な装置の1つで被削物（材料）を刃物で削るときに、被削物を掴んで回転しながら刃物を当てて削る役目を果たします。ここでは工作機械の代表として旋盤を選びましたが、工作機械は構造の骨幹になるベッドを具備しています。

旋盤のベッドを解説する前に、旋盤の構造を説明しなければなりません。普通の旋盤は作業者が立ち操作できるような高さの頑丈なテーブルがあり、左手に固定の電動機を装着しています。このテーブルがベッドです。電動機側にはチャックと称する被削物を掴む部位があります。被削物はチャックで掴み、切削ための必要な速度になるように高速回転します。一方、正面から見て右手側から刃物台と称する台に刃物を取り付けて固定し、被削物に押し当てながら削ります。刃物は被削物の軸中心方向と平行に移動しながら削りますが、この移動する速度を刃物の送りといいます。被削物は送りを1回かけて削ると丸棒に削られますが、直径をさらに小さく削る必要がある場合は、刃物を被削物の軸中心方向に対して直角に移動して切込みをかけたあと、再度送りをかけ、これを繰り返して目的の直径や長さに仕上げることができます。

以上が旋盤を操作して被削物を削る手順です。刃物は刃物台に強力に固定されたあと、被削物の軸中心方向とずれが生じないように平行に移動しますから、刃物台はベッド上を滑らかによい精度を保ちながら移動しなければなりませんし、この動きは切削する際に何万回も繰り返し行います。

　そのためベッドは寸法精度をミクロン（0・001㎜）級に維持しなければなりません。移動する刃物台とベッド間にガタが来ないように耐摩耗性が必要で、寿命にも影響します。それを可能にする材質が鋳鉄です。

　ベッドに使用する鋳鉄は次のような性質が要求されます。

旋盤

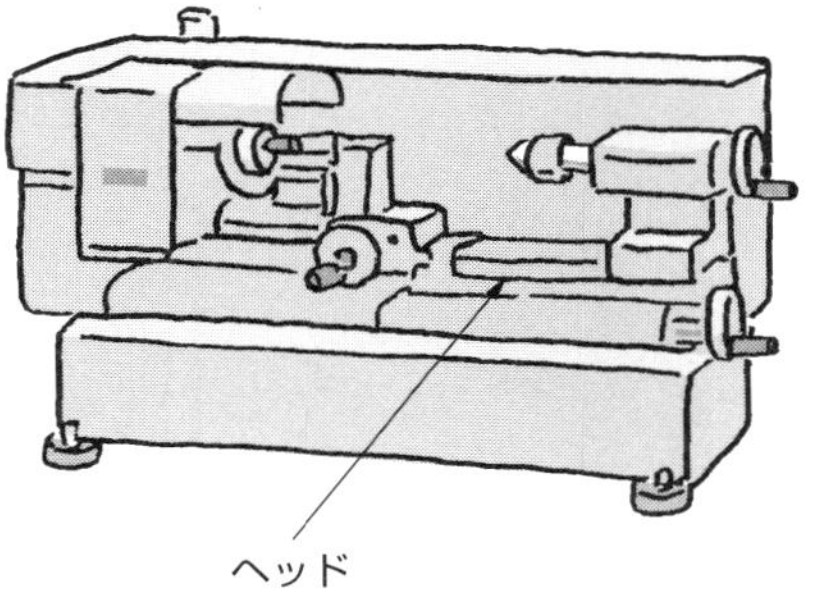

①圧縮強さに優れる
　鋳鉄の機械的性質は鋼に比較して引張強さと靭性が低い反面、圧縮強さに優れています。ベッドは上からの荷重がかかるためこの荷重には対応できます。
②耐摩耗性に優れる
　ベッド上の刃物台は強力に固定しながら刃物で削る反力を受け、何万回も左右に移動します。ベッドの上側は摩耗に耐えなければ寸法精度を確保できません。鋳鉄は基地内に多数の黒鉛が存在しています。黒鉛は摩擦係数が小さくすべりがよくなる性質を持っています。しかも潤滑油が黒鉛に浸み込んで一種の油溜まりになり給油の対策にとって好都合です。鋳鉄を鋼と比較すれば潤滑性、すなわち摺動性がよくなるので耐摩耗性がよくなり長寿命が期待できます。
③減衰性に優れる
　ベッド上で切削するときは電動機の回転と切削時の抵抗に対して旋盤本体が振動します。振動が大きくなれば切削時の精度の確保も困難になりますが、

鋳鉄は振動を吸収する性質があります。鋳鉄内の黒鉛がその役目を果たします。これを減衰性（あるいは吸振性）といいますが、同時に音も吸収します。吸音性です。たとえば鋳鉄と鋼で同じ円板を作り、それぞれをハンマーで叩くと、発生する音の大きさと高低に大きい差異が生じます。前者はゴン、ゴンと鈍く低い音がしてすぐ消える現象が見られますが、鋼は高いカーン、カンという甲高い音がしていつまでも余韻が残ります。このように鋳鉄は振動と音を吸収します。

旋盤（広くは工作機械）のベッドは上記の性質を持つ鋳鉄で製造すると、切削精度を確保でき、機械寿命を伸ばすことができます。

旋盤で切削する被削物は形状、材質、数量など千差万別ですが、実際に旋盤で切削するときの状況をご紹介します。被削物が小さく、切削して除去する削り代が少ないときは、小さい能力の旋盤で静かに少しずつ削ることができます。しかし、一般に機械工場で重量物の削り代も多い太丸材を早く削るためには生産性を上げなければなりません。そのためには切込みを大きく取り、送り速度を早くし、被削物の回転を多くした高速の切削条件を採用します。そのためには旋盤の能力を示す電動機の馬力、刃物の大きさも大きくして、頑丈なベッド構造を持つ仕様が必要です。

被削物を切削するときは削り屑が発生します。この削り屑の状態を観察すると生産性がよく判断できます。すなわち、小さい形状であれば旋盤の能力より小さい条件で削っているためで、生産性が上がりません。一方、能力一杯で削ると、削り屑は色が焼けて青黒い色になって飛び散り、場合によって火花が出て、旋盤本体の振動が大きくなり、電動機が唸ります。その限界を超えると電動機が焼けてしまいますが、ギリギリまで条件を上げることが生産性を上げることになります。旋盤を使っている工場を診断するときはこの削り屑を見れば生産性が高いかどうかを正確に評価できます。

砲丸——鋳物で重心を操る匠の技

砲丸投げの砲丸です。誰でも中学生時代に砲丸を投げた経験があると思います。小さくて丸い黒光りした砲丸はやはり重い玉でしたから、投げてもせいぜい数mしか飛ばなかったでしょう。

砲丸の大きさは、中学で使用する球は、男子用で直径10・3㎝、重さ4㎏、女子用で直径9・05㎝、重さ2・721㎏です。一方、陸上の正式競技で使用する男子用の砲丸は一回り大きく、直径12・55㎝、重さ7・257㎏です。オリンピックでは選手が20mを超えて優位を競っていますが、選手達の体格はどの選手も巨体です。この砲丸は鋳鉄で作られています。

鋳鉄製の砲丸は正式に認定する場合、寸法、重さが正確でなければなりません。オリンピックで多くの選手が使用している砲丸は日本製です。世界的に有名で実績がある辻谷工業が造っています。埼玉県富士見市に立地する従業員が数名の有限会社ですが、この業界では世界的に有名な企業です。

球形の砲丸を作る技術は容易ではありません。重心が中心にある球状で、重さも一定でなければいけません。すなわち寸法内の体積の密度を確保することになります。

一般に鋳鉄や鋳鋼などの溶けた湯を鋳型に鋳込むときには押しが必要です。溶融した湯は鋳型に鋳込んだあと冷却して凝固しますが、体積は鋳型寸法より収縮します。溶融した湯は鋳型に接触したらその部分がすぐ固まり、中心部は一番遅く固まる遅速現象が生じます。鋳型面が最初に固まり、中心部があ

砲丸の引け巣

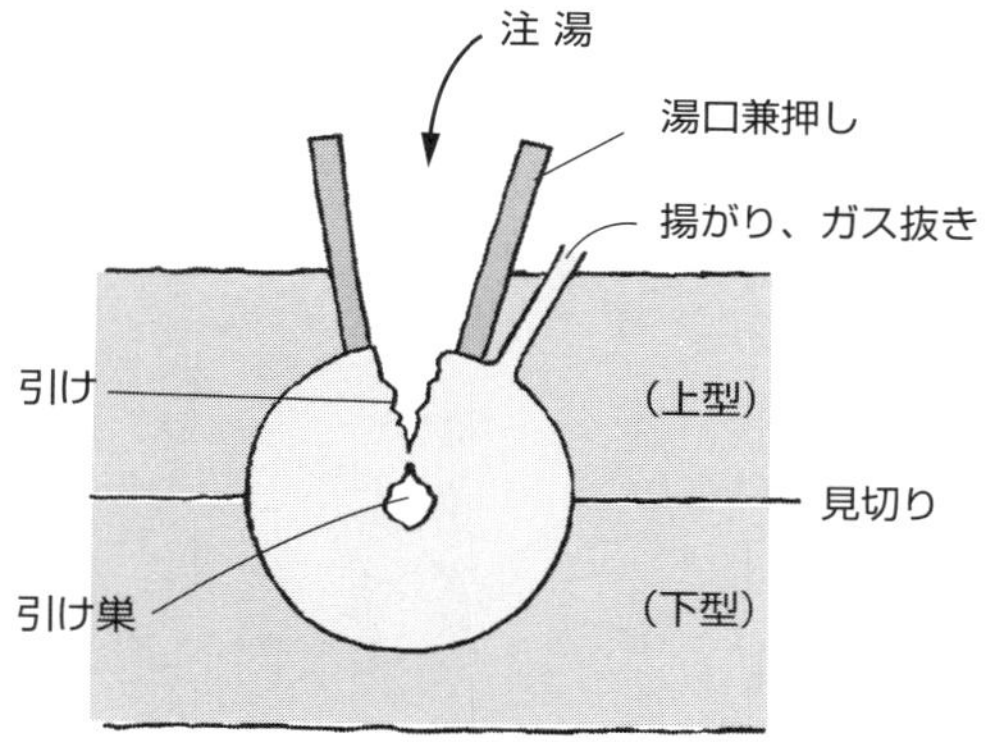

砲丸の鋳造方案と発生しやすい引け巣モデル

とで固まると内部は収縮により湯が不足したままになります。その現象が引け巣です。すなわち内部に湯が不足したままの巣が発生します。引け巣は鋳物品の宿命的な現象ですから、その対策には固まるまでに内部に湯を供給し続けます。それが押しの役目で、鋳型上部に湯溜まりを設けてここから下部に湯を供給したあと最後に固まるようにすると、内部には引け巣が発生しません。

鋳型は上部に湯を入れる湯口、鋳型に湯を注入するとき内部の空気やガスを押し出すためのガス抜き、押しなどを設けています。注湯後に冷却してでき上がった鋳物を鋳型から離型したあとは、これらを切断して手入れし、正規の形状に仕上げます。

砲丸は手入れ後の鋳物を機械で切削し、球状に仕上げて完成します。さて、その工程なら鋳物を製造する企業なら簡単で難しい技術はいらないはずです。どうして辻谷工業だけが差別化できているのでしょうか。砲丸を鋳鉄で作り、寸法を確保するために機械で切削すればこと足りるはずです。近年は機械切削も数値制御を付属した機械を使えば困難ではないはずです。

ところがモノを造るということは機械でできない奥深いノウハウがあるのです。理論上はできても経験を積み重ねて初めて得ることができる匠の技があるのです。たとえば機械で切削するときは朝、昼でもできあがる寸法が異なります。機械の状態でもできあがる寸法が異なってきます。これらは季節によっても変化します。熟練した作業者はその勘所を掴んでいて、加工も手作り状態で進めています。

できあがった砲丸は寸法が正確なだけでは2級品といいます。砲丸内の重心が重要です。内部は鉄で充実していますから同じはずですが、内部の部位によって微妙に密度が異なり、均一でなければ内部の重心が変わるのです。砲丸の真ん中に重心があれば投げるときにしっくりして使いやすい、その真芯に収めるためには手で触り微妙な重さを感覚的に確かめながら加工を施す技量が必要です。辻谷工業製の砲丸を使った選手は誰でも使いやすく、飛距離が伸びたという報告があります。

機械加工した製品の寸法を計測する際は各種の測定具を使用します。測定具を使うとき手の体温が伝わって測定具が伸縮し、正確な計測ができなくなりますから迅速な作業が必要です。このため筆者の経験では、手が冷たい作業者を選定して測定専門員に選んだこともありました。

金庫――中身を守る頑強な代物

家に金庫を持つ方はそれなりに用心深いか金満家でしょう。しかし、昨今は銀行預金しても金利が低く、デフレの世の中ではタンス預金がよいともいわれるため、金庫も需要が増してくるかも知れません。

金庫に保管する物はお金、装身具や宝石だけではないようで、重要書類、権利書、契約書などの紙類があり、最近は記録を録音した写真、フイルム、ディスケットやＣＤもあり、遺書は当然です。

金庫は用途によって分けることができます。１つ目は火事対策用です。住宅や建物が火事になり、これらが燃焼することを防ぐために金庫に入れて対策を採ります。しかし、金庫内が火事の際に高温にさらされて燃焼したら元の木阿弥ですから、耐火性を具備しなければなりません。耐火のためには基本的に金庫自体は耐熱と断熱性を持つ材質で構成する必要がありますが、なかには金庫の側壁を２重にして水を封入しておき、熱が生じたら蒸発してその気化熱で内部を冷却する工夫もあります。

鋳造工場に勤務していたとき、ある客先から金庫用の耐熱耐火材の開発を依頼されたことがあります。当時、電気炉以外に高周波加熱炉を備えて特殊鋳鉄と鋳鋼を生産していましたから、要求された材料の研究を開始しました。同時にすでに他の部品に使っていた種類についても耐熱性の試験を進めました。鋳鉄はもともと耐熱性がありますからヒントを得て、その中のある特殊鋳鉄に期待したわけです。それはニ・レジスト（Ni―レジスト）でした。

ニ・レジストはニレジストともいい、鋳鉄にニッ

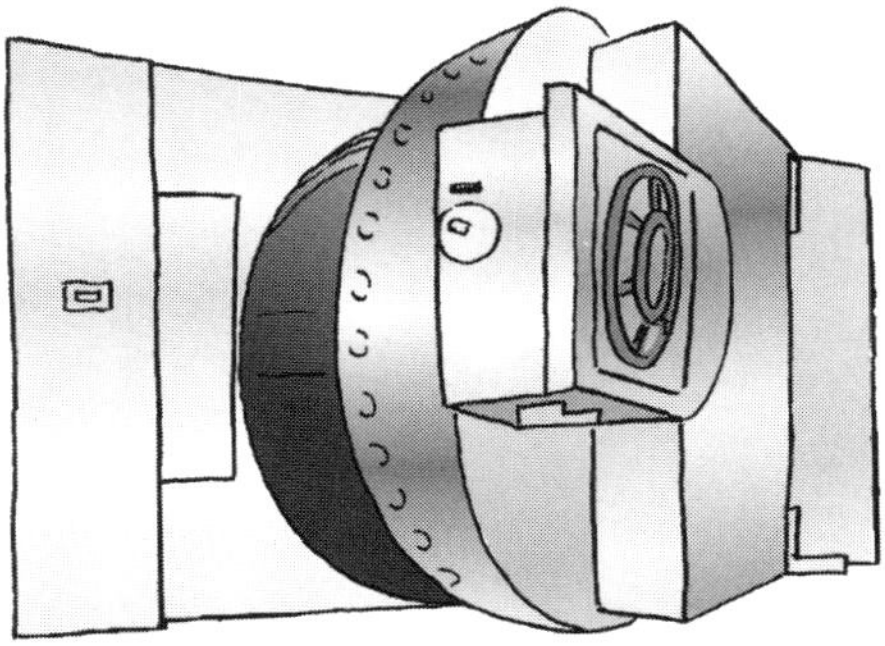

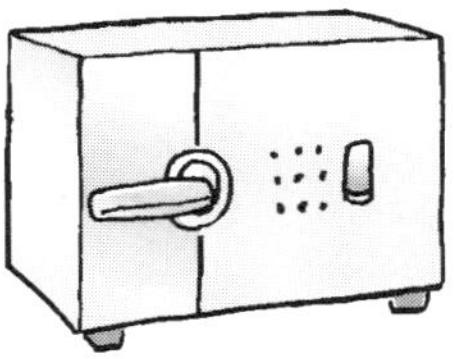

耐火性、耐熱性、断熱性などに優れた性能を発揮

ケルを12%添加したときオーステナイト組織になります。ほかにクロムと銅を添加したNi―Cr―Cu鋳鉄がベースです。組織は微細化して機械的性質がアップし、耐食性が極めて良好です。この材料はある混合機の羽根に使っていました。オーステナイト組織ですから硬さが低いにもかかわらず、混合時に加工硬化を受けるため摩耗が極めて少ない結果が出ていました。鋳物は離型したあと湯口、ガス抜き、押し部を切断するときにガスでは切れないため、砥石切断して手入れしていました。それなら耐熱耐火に向くのではないかと考えたわけです。

結果は案の定、好成績を収めました。詳細なデータは省略しますが、金庫用としてよい性能を示しました。ガス切断ができないなら金庫破りもできないのです。現在、金庫メーカーが使う材料は承知しませんが、1960年当時、注文したあるメーカーがニ・レジストを使用した実績を持っています。

金庫の2つ目の用途は盗難防止用です。金庫は据え置き型であれば軽くて持ち去られることがないように重量を大きくしています。盗難対策には扉の開錠ができないようにすることです。開錠方法は多くがダイヤル式で、暗証番号と一致させる方法です。暗証番号を失念したときは開錠が困難になります。最近はコンピュータ式でデータを入力して合致させて開錠する方策も採っています。しかし、電源の対策や、経年劣化などの対策が必要です。キー式もありますが、逸失、盗難を考えると予備も含めて安全性が万全でありません。

大型金庫は重量があってもクレーンで吊り上げて持ち出すことができます。それも防止するため周囲をコンクリートで囲った金庫室にする対策を採れば安全です。

国内の有名な金庫専業メーカーが広島市の熊平製作所です。業務用では1台の重量は数トンあり数百万円で、銀行内の据付型となると数千万もします。構造が多岐に渡り安全対策に工夫を凝らしています。

Column

生米を焼くおじさん

子供の頃、リヤカーに木炭窯を載せて米のお煎餅を焼いてくれるおじさんが廻ってきていました。その方法は木炭窯の上面の鉄板上に、直径10㎝ぐらいの円形金型で、その形状は互いの合わせ面を凹凸に薄く平面にくり抜いています。この対にした円形の金型（パン）に米をはさんで煎餅を作ります。

その方法は対の合わせ面にわずかに塩をまぶした生米を入れて金型を窯上に置きます。入れたあと金型を互いに合わせて窯の上の鉄板状に置き、金型の上部からT型ハンドルで角ねじ棒の軸を回し、合わせた金型を押さえつけて圧を加えます。押したまま数秒維持してハンドルを開放すると、ねじ棒が上がり、金型内で生米が圧縮されて焼けます。急激に圧を開放したときに体積が膨らんで香ばしく薄い煎餅ができあがるという工程でした。

今でもときどき街の片隅で焼いている姿を見かけます。聞くと組合があるそうで、現在は生米を自前で用意し、とうもろこし粉や蕎麦粉など種々の材料を加えているそうです。木炭窯に変えてプロパンガスコンロを使って焼いたさまざまな煎餅を袋詰めして販売しています。

敗戦直後は食べることに窮する時代ですから、なんとか母に頼んで米びつから貴重な米を少しもらい、煎餅焼きのおじさんに持って行って、焼いてもらいました。

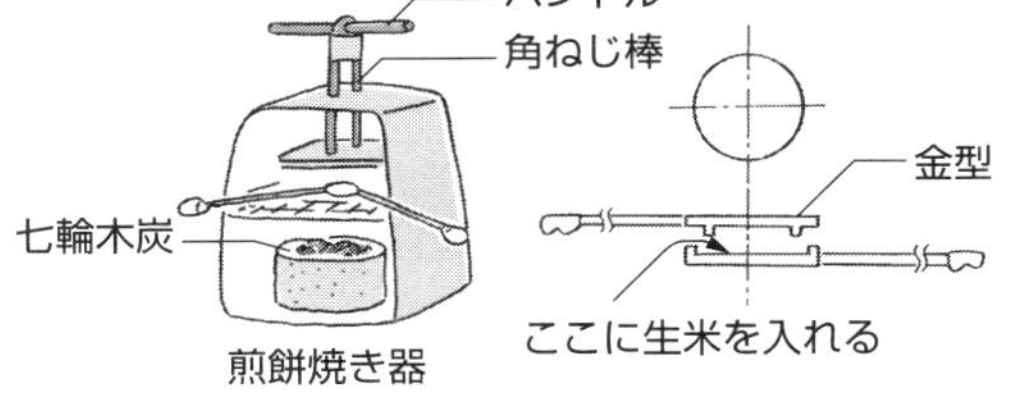

第4章

特殊な用途に合わせた「非鉄金属」

金・銀・白金製品——高価な金属たち

(1) 金製品

友人が使う財布は金色の財布でしたから、外側に金箔を張っていたと思っていました。あるとき友人が見せてくれた機会に手にとって詳細に観察すると、金属ではなく弾力があり布地でした。しかも布は絹製だったのです。

絹は蚕《かいこ》が作る繭《まゆ》を解いて糸をより、織った布です。いまは古典的名著になった「蚕だけが絹を吐く」を著した故扇谷正造氏は、「何千種類の昆虫のなかで蚕が桑の葉だけを食べて、なぜ絹を吐くのか」という理念を基礎にして、いくつかの社会問題を提起しています。

古来、蚕は多くの研究がなされ、日本で金色の絹を吐く蚕を開発しています。金色の絹糸は金メッキしたように輝き美しい色合いをしています。金色の財布はその糸で織った珍しい絹を使っていました。

金箔を張った財布もあるでしょう。金は人類が古くから貴重で崇高な金属として利用してきました。貴金属のなかで金は白金についで価格が高く貴重ですが、工業界や生活の中で多用されています。金の特性や逸話のいくつかをご紹介しましょう。

金は密度が19・3と大きく重いので、延べ棒を簡単に持ち去ることは困難です。延べ棒は形状と重さが決まっていて1本25kgです。豊臣秀吉時代に作った慶長小判は金が15g含まれています。

金は耐食性に優れていて、錆びません。しかし、猛毒性の青酸カリ（シアン化カリ）には溶解します。

金が溶ける温度は1063℃で、銅の1083℃

よりやや低くなります。

金の延性は抜群です。加工途中に焼なましを行わなくても1gで約2000mも延びます。また金箔は0・065μmの厚さにも薄くすることができます。これで計算すると、金箔の標準寸法は3寸6分（10・9cm）ですから、金0・4匁《もんめ》（1・5g）で100枚作ることができます。この性質は展性です。

金色の財布

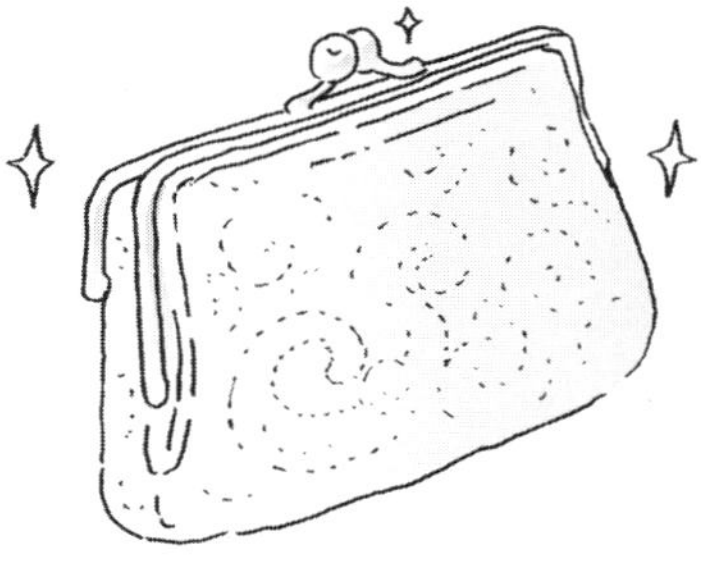

金色の絹かそれとも金箔か

（2）銀製品

学会の帰りにニューヨーク5番街のティファニー店を見学したことがあります。オードリ・ヘップバーン主演の映画「ティファニーで朝食を」が強烈であったからです。ティファニーは170年前に雑貨を商売とした老舗ですが、銀細工師を雇い入れて宝石を扱うようになって大きく業績が伸び、銀を主体とした宝石の店になりました。日本人は銀を食器に使う慣習はありませんが、欧米人は銀を崇高な装飾品あるいは財産として尊ぶ民族ですし、銀をすこぶる重要視します。上流家庭は銀食器を何代にもわたって大事に使い、いつも磨き上げています。銀食器を使うと、むしろ財産や家庭の文化度を示すバロメータになります。

銀は光沢があります。金属の中で最も反射率が大きく、輝いています。日本の言葉に、光沢を表現するときに、銀世界、白銀、銀盤、銀輪、銀幕、銀シャリという語彙を使います。

しかし、銀は酸化しやすい性質もあります。銀箸を使うと毒があると表面が変色するため、お殿様が用いましたし、銀は硫化ガスにも侵されて表面が黒くなります。最近は煙草を詰めて吹かした煙管《きせる》は見なくなりましたが、雁首《がんくび》と吸い口は銀製でしたから変色していました。

銀の機械的性質の中で、のびと絞りがとくに大きくて展延性に優れていますから、銀のワイヤーや箔に加工することが容易です。子供の頃、煙草の箱の内側に湿気防止に使った銀紙は、銀だからと丸めて大きいボールにして地金で売ろうと目論んだこともありました。物理的性質では電気の良導体ですから銅線より優れています。

銀は直接的に毒を消す役目もあります。銀イオンは病原菌に対してそれを死滅させる防腐効果がありますし、水の浄化にも使用していました。銀イオンは水中のレジオネラ菌を死滅させますから、温泉水の浄化にも有効です。なお銀イオンと同様に、銅イオンも防腐効果があります。

日本では1500年代から採掘が始まった島根県の石見鉱山は有名で銀を多量に産出したため、中国の明の時代には日本から相当量を持ち出しています。江戸時代には銀貨を製造するために各地に銀座を設けました。現在の銀座はその名残です。

(3) 白金坩堝

化学の実験では磁器製の坩堝《るつぼ》を使用しますが、高温で燃焼するときには白金坩堝を使う場合がありま す。白金は密度が21・45と極めて大きいので、わずかな体積でも重くなります。ちなみに金は19・3、銀は10・5です。

白金坩堝はガラスを作るときの溶解窯としてなくてはならない金属です。高温に耐え酸化に抵抗するからですが、繊維状に溶融ガラスを引き出す際に使用するノズルにも白金属の合金を使って摩耗を防止しています。

指輪や身の回りに飾りつける装飾品は金製より白金の使用が最も多く、色調が明るく色変わりがしなく光沢や輝きが優れているからでしょう。

白金は工業用として貴金属の中では最も多岐に使われています。自動車の排ガス処理の触媒用には不可欠で多量に使用しています。融点が1769℃と高く起電力と温度の相関性が良好であるためアルメル・クロメル熱電対に替えて、より高温用の熱電対として1600℃程度の温度まで計測できます。このほかに電気の接点材、メッキ材にも使用します。

民生用としては歯科材です。また近年、白金が微量でも体内に入るとバクテリアの増殖を止め各種の疾病や癌を抑える効果があることが判明し、研究されています。

白金は南アフリカが最大の産地で、世界の過半を産出しています。白金はほかにルテニウム、ロジウム、パラジウム、オスミウム、イリジウムの総計6種を白金金属と称し、鉱石を採掘し精錬すると同族の性質が類似した金属として同時に産出します。これらはそれぞれの特性を活かして電子部品、電極材、測温材、電気接点、歯科部品、耐摩耗材など有効に応用しています。

1968年の初任基本給が2万1050円という時代にドイツ製のモンブランの万年筆を半年貯めてやっと買うことができました。以来50年近くたちますが、まったく異常なく使用しています。このペン先は当時、白金とイリジウムの合金を使用し、摩耗については永久であるという保証話を聞いたことがあります。

白金の価格は金と同様に戦争や地域の紛争時に高騰します。2011年5月現在の国際市場取引価格は1g当たり、白金4900円、金4100円です。

万年筆のペン先

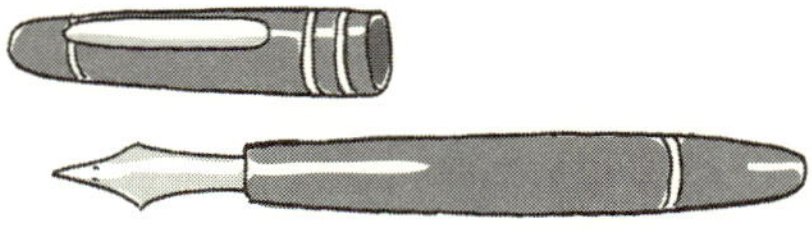

摩耗に強い白金とイリジウムでできたペン先

銅葺きの屋根——薄くできて安価

銅は金と同じように冷間で加工して薄くすることが容易です。対して鉄は（炭素が少ない純鉄を除けば）高炭素鋼は固くて薄くすることが困難です。

どうして銅は金、アルミニウム、ニッケルと同じく薄くできる性質を持っているのでしょうか。金属の理論を基礎に簡単に説明しますと、金属は内部のミクロ的な見地から、金属の原子によって構成しています。金属の原子は自然の法則により決まった構造を示します。銅、金、アルミニウム類など変形しやすい金属は面心立方格子という結晶構造です。すなわち原子が集合して互いに接触してその構造を保っています。

一方、冷間加工などで変形することは原子同士が正しい配列を崩して位置を変えていきます。さらに大きい外力をかけると破断し、原子同士が分離してしまう現象に到ります。変形時に原子が配列を乱すことは、接している隣の原子を押すことになります。押された原子はまた次を押すことになり、押しくら饅頭と同じ傾向になります。もし隣に押す相手の原子が存在しなかったら外力が発生しても原子の移動はそこで中断し、変形が停止します。

面心立方格子を示す金属は結晶構造の点から原子が互いに接触する機会が多く、変形の方向も多岐に渡るため、容易に変形しやすくなります。反して鉄、クロム、モリブデンなどは結晶構造が体心立方格子であるため、原子同士の接触箇所が少ないため変形しにくい金属です。

銅は特徴ある性質を持っています。冷間加工しやすいことが種々の商品作りするために使いやすくなります。ただし、冷間加工を重ねると変形が進みますが、それは無限ではなく、変形時に原子がすべって移動する際にもつれてしまい限界が生じます。そのときは焼なまして、一端その時点で正しい原子の配列に戻して再度加工を進めます。

結晶格子

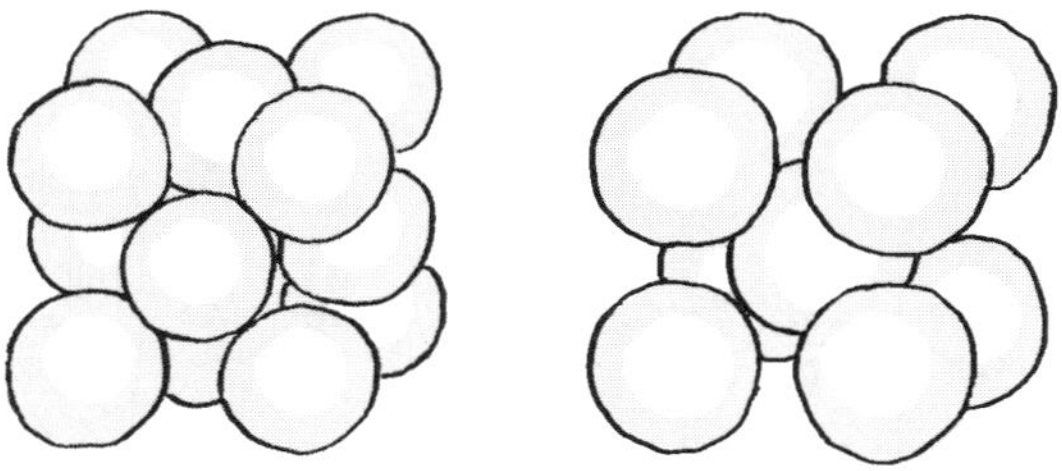

面心立方格子　　体心立方格子

電力の配電に使用するケーブルは銅の電線を使います。銅は電流の伝達に極めて有効です。また銅は熱伝動にも優れていますから、熱交換の役目を果たします。この性質を利用して、車のラジエータには銅板を使い、エンジンの発熱を水で交換しています。料理用の鍋は銅製が熱効率に優れています。

木造家屋は瓦で葺き、雨仕舞、断熱性、耐久性に最も適合した葺き材でしょう。しかし、ときどき一般家屋でも銅板を使った例を見うけしますし、神社にもあります。日本家屋は構造上、柱で外力を受けますから、屋根が重い方が適していて、瓦はその点でも有効です。台風時には風に抵抗して押さえますし、沖縄では瓦の上にさらにいくつもの大石も乗せています。

銅板葺きは瓦に比較するとこの点では問題があります。一般の木造家屋で使用する理由は見栄や美しく見せるためですが、構造上から評価すると薄い銅板は瓦より軽いため、支える野地板を薄く、垂木と柱を細くして建築原価を抑えることができますが、そのため家の構造を上から押さえる役目が少なくなり、強風にも耐えにくくなります。一般家屋は構造を頑丈に造り、寿命を伸ばす目的で瓦を載せて重量で上から押さえなければなりません。

　神社とお寺を建築物から比較して仕分けできます。2つの建造物は似ていて、区別が難しい形があります。どこを観察すれば仕分けができるかというと、それは屋根です。日本の神社の起源は有史以前から、部族が神として祭り崇めた祠《ほこら》が始まりでしょう。数千年の歴史うちに神社は祠から始まり屋根がつき、その屋根の材質が、竹、木片、板と変遷してきました。銅が製造された時期から銅板で屋根を葺いた神社も出てきました。

　一方、お寺はどうでしょうか。諸説ありますが、お寺は百済から仏教が伝わった時期が信仰の始まりです。仏教伝来と同時に新しい屋根材として瓦が登場します。当初から日本のお寺には瓦が多用されています。奈良の東大寺はその代表例です。

　そうすると神社とお寺の建築物による比較は屋根を見ればわかることになります。一般的に、古い神社ほど瓦を使っていませんが、お寺は瓦を使用しています。

　銅板葺きの屋根を持つ建築物は熱が部屋内部に入りやすくなり、夏熱くて冬寒いことになります。また銅は耐食性の点で限界があります。しかし、銅が錆びて緑青色になるのは、なんとも風情があります。

硬貨──耐久性を問われる代物

国内で通常使う現貨幣で製造が古い順に示します。

(1) 1円硬貨

発行が昭和30（1955）年ですから、かなり古いです。材料は純アルミニウムです。寸法は直径が小さいながら20㎜あり、厚さが1・5㎜です。量目は1g。1円アルミニウム硬貨は消費税を初めて導入された平成元年4月に、おつりの小銭が不足を生じたため増産して広く流通した経緯があります。1gという量目ですから、この重さを利用して間接的に計量の道具に使うことができます。また直径が20㎜と切りがよいため、比較測定にも応用できます。アルミニウムは冷間加工しやすいため流通時に変形した硬貨も見られます。

(2) 10円硬貨

昭和34（1959）年発行です。金属は銅がベースで、亜鉛と錫を数%添加した合金です。直径は23・5㎜。量目は4・5g。銅は流通時に錆びて緑青が付着した貨幣があります。この対策には希塩酸で洗浄すると綺麗になります。

(3) 5円硬貨

発行は昭和34年で10円硬貨と同じ年代です。直径22㎜で厚さは1円硬貨と同じく1・5㎜ですが、10円硬貨に比較するとかなり小さく感じます。量目3・75g。この貨幣は中央に直径5㎜の穴を有しています。穴は正常人にとってはとくに意識しませんが、目が不自由な人にとっては重要な印になります。

材料は真鍮（黄銅）で、73黄銅～46黄銅の亜鉛を添加した合金です。1円硬貨と同じく平成9年4月に消費税が5％に上がったとき不足を考えて増産されました。

（4）100円硬貨

昭和42（1967）年発行。直径22・6㎜、厚さ1・65㎜。量目は4・8g。材質は白銅です。白銅はキュプロニッケルと称し、銅にニッケルを25％含有する合金です。極めて加工しやすく、たとえば25㎜厚さの板を一挙に1㎜厚さに塑性加工することができるほどです。もちろん深絞りにも優れ、耐食性が良好であるため熱交換器に適しています。硬貨用にも合致する性質を備えています。

（5）50円硬貨

100円硬貨と同じ昭和42年発行です。直径21㎜、厚さ1・75㎜、量目は4gです。5円硬貨と同じく4㎜の穴を有していますが、5円硬貨と比較して穴径を少し小さくしています。指で触ると片側の表面がやや滑らかに感じますから、見なくても手触りでわかるように配慮しています。材質は100円硬貨とまったく同じです。50円と100円硬貨だけが数字で表しているだけで、他の4種は漢字でも表示しています。

（6）500円硬貨

1番新しい平成12（2000）年発行です。直径は最も大きい26・5㎜、厚さ1・8㎜、量目7gです。材質はニッケル黄銅です。ニッケル黄銅は銅をベースに亜鉛15〜30%、ニッケルを10〜20%添加した合金で、洋銀あるいは洋白とも称します。この貨幣は銅に亜鉛20%、ニッケルを８%添加して構成しています。

洋銀は耐食性に優れ、ばね、化学機械用、装飾品、食器、楽器に使用します。それは冷間加工性に優れ、加工によって機械的性質が大きく改良されるからです。とくにばねは疲労限が高く、耐食性が良好、ハンダ付けや溶接がしやすく、非磁性、弾性係数が大きいことに適正があります。

５００円硬貨は韓国の硬貨と類似した形状であるため、韓国硬貨を自動販売機に装入して缶を取り出すだけでなく、釣り銭を出して儲ける手口が露見した事件がありました。貨幣を新しく製造するときは外国の貨幣にも注意を払う必要があります。

貨幣に使用する金属が具備すべき性質は、付加価値、冷間加工性、耐食性、非磁性、耐摩耗性、安価な製造費用、他の貨幣との比較性、他国の貨幣との相違性などがあります。とくに最初の付加価値については、表示の円価格が基本的に現物の地金と同等の価値を持つことです。あまりに後者の価値が大きくなると、地金として売り飛ばして儲けることができます。グレシャムは「悪貨は良貨を駆逐する」といっていますから、貨幣の付加価値を適正に定めることは重要です。

曲がる錫器——変形が功を奏す

富山県高岡市は全国でも稀な鋳物の集積産業地で、鋳鋼、鋳鉄、非鉄の広範囲な鋳物を製造する企業が数多く存在し活発に活動しています。製造品目は多岐に渡りますが、たとえばお寺にかかる釣鐘は全国の8割を供給しています。しかし永く不況が続き、鋳物製造の生産高は減少し廃業企業が続出して市内の業者は半減しました。

その高岡市に能作という企業があります。4代目社長は鋳物師で、製造販売品目は銅製品や銀食器です。業界の冷たい風はこの企業にも押し寄せて年々仕事量が減少し、経営に黄色信号がちらつき始めていました。

経営を立て直すためには原価低減などの内向きの合理化では追いつくことができないので、新商品を開発して新たな分野を切り開くしかないという判断の元に、日夜頭を痛めて研究してきたと聞いています。何とか新商品を開発するといっても鋳物の分野で独創的なモノができあがるはずはなく、厚い壁にぶち当たり、「もはやこれまでか」と経営継続を断念しそうになったこともたびたびありました。

しかし、目を見張るようなあっと驚く商品を造り上げるのではなくて、いま1度原点に返り、行っている作業や材料の性質を基礎から見つめ直して、そこに何かヒントを見出すことができないかと考え直したそうです。銅製品や銀食器を製造する材料を見直し、そこに他の金属が持たない特徴はないかと考えたとき、金属の物理的性質を活かすアイデアがひらめいたといいます。

錫を変形したワイン置き

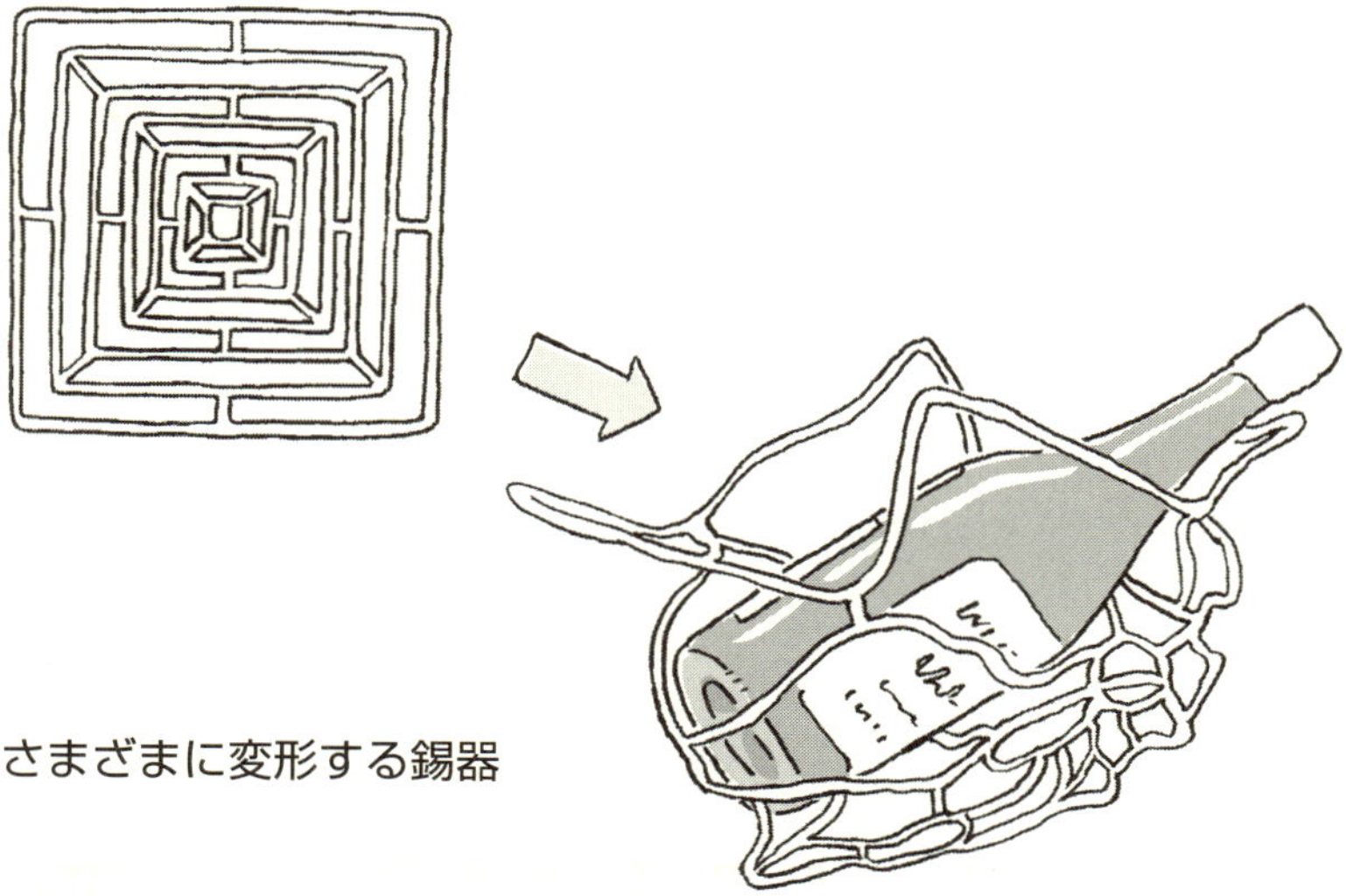

さまざまに変形する錫器

錫は鋳上がりしたあとの手入れが難しく、すぐ変形して形状を保持しにくいことが製造技術上の難点でした。しかし、これを逆手にとって変形するテーブルウェアとする、すなわち曲がるテーブルウェアになるのだと、逆転の発想をしたのです。

錫は銀に類似した灰色の光沢がある金属です。古くから錫はきらびやかな食器として用いてきました。鋳造品の機械的性質のうち、引張強さは2〜3MPa程度と小さく簡単に変形でき、のびは50%を超え加工性に富んでいます。また物理的な性質は密度が7・3ですから鉄に近似し（7・86）、231・9℃と低い温度で溶融します。

従来まで錫製品を製造するときは手入れ時に変形して手間がかかっていましたが、これを最初から変形する鋳物品として製造し、果物籠、ワインの瓶入れ、装身具などユーザーが購入後に自由に変形し、ほかにない独自固有の商品として使っていただくコンセプトに仕上げました。このようにすると原形の鋳物品があらゆる形に変わり、独自の姿になり得るというわけで、国内で人気を博し、順調に生産が上がって経営が急速に改善しました。欧州のメッセにも出品して人気を博しています。

錫はほかに稀な性質を持っています。それは鉄と同様に変態する性質を持っていることです。結晶構造はα錫が立方晶ですが、β錫は体心正方晶と異なっています。変態点が13・2℃でβ錫からα錫に変態します。このように結晶を構成する構造が温度によって変化することを変態と称しています。

錫は装飾品に使っています。ロシアで美術館に展示していた実術工芸品が冬季にとくに冷え込み、ある夜に館内でもマイナス40℃以下になったためβ錫に変態し、美術工芸品が脆化して崩れてしまう事故がありました。本来は13・2℃が変態点ですが、錫は鉄と異なって時間的な遅れが生じて変態し、脆い灰色のβ錫に変態したためでした。

同様なことがほかにも生じています。英国のスコット隊が初めて南極を目指した探検で、間もなく極点に到達するという時点で燃料や食糧を詰めたドラム缶の蓋のシールが剥離して内容物が排出してしまい、その先の探検ができなくなる事故が生じて第1次探検が失敗しています。ドラム缶のシールは錫を含む合金でハンダ付けしていたため、錫が変態して脆化脱落したためでした。

スクリュー――耐食性が優秀な素材を使う

スクリューは船舶を推進する機能を持ちます。船舶の後尾に付けて回転すると軸方向に流体を押し出すので、その反力で船舶が前進します。これは船舶が推進する原理ですが、逆にスクリューが流体を受けると、その反力でスクリューが回るという現象も起きますから、これを応用した機器もあります。すなわちスクリューには駆動（ドライブ）と被動（ドリブン）の関係があります。

流体がスクリューを回す機器は何があるでしょうか。最近各地で見られるようになった風力発電装置のプロペラがあります。同じく水力を利用した軸流発電機は代表的な機器です。

スクリューとプロペラの違いは一般に名前を前者が船舶、後者が航空機に付けられているようですが、原理は同じです。

スクリューの形状はねじ状に螺旋に巻いた回転できる機械要素です。スクリューが回転すると、なぜ流体が押し出される力が発生するのでしょうか。航空機の羽根の断面で説明します。

航空機の羽根の断面形状は上部面と下部面があり、断面の先端部は丸みを帯びて後端部で接合しています。下部面はおおよそ平たいままで、上部面が凸に丸みを帯びた曲面を持っています。羽根の先端部から流体が流れたとき上下面部の圧力を比較すると、下部面に流れる流体の圧力と比較して上部面は流体が密に流れて圧力低下し、その結果により揚力が発生します。一方、静止した流体中に羽根が突き進むと流体は力を受けて押しのけられます。スクリュー

スクリューの原理

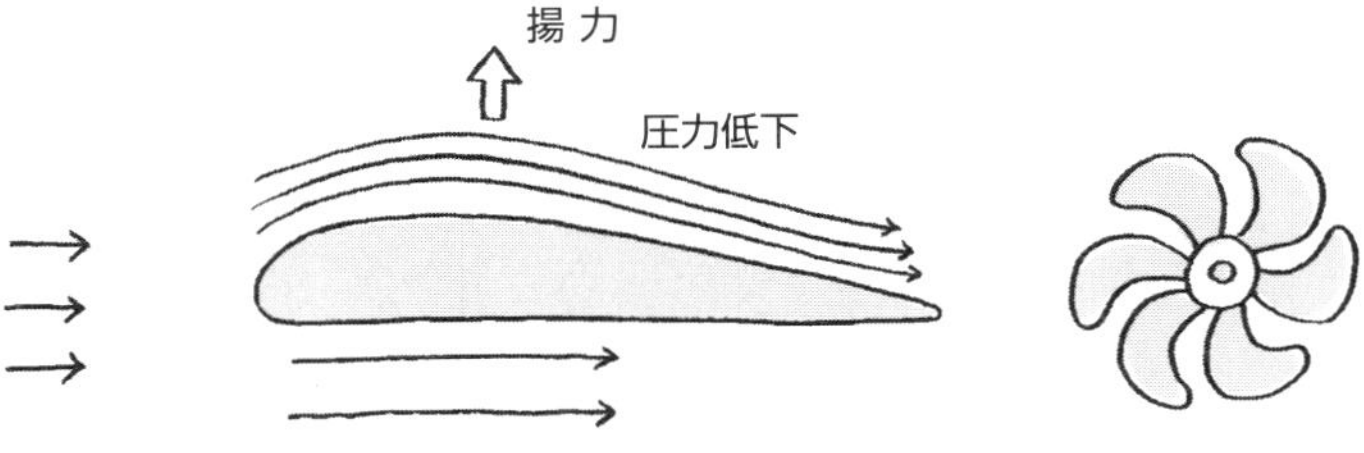

は羽根が同じ形状ですから、スクリューを回転させると、流体が押しのけられ船舶が推進していきます。船の櫓《ろ》と同じ原理です。

船舶以外でスクリューの利用は、はたとえばトンネル内の排煙を行うジェットファンがあります。トンネル上に設置して高速で回転してトンネル内の排煙を行っています。自動車内部にも同様な機器を使っています。ウインドウォッシャーはボンネット内のタンクから、水をねじ型のポンプで押し上げて圧をかけて噴射しています。このねじポンプも1種のスクリューを利用した原理です。

　船舶のスクリューは1830年代の後期にイギリス海軍が開発しました。当時は推進に船腹の横に取り付けた外輪を回していました。外輪による掻き出しはパドル（櫂）の原理と同じです。これに反してスクリューは外輪より効率がよく、船舶の後部に設けることができたため設置のスペースが小さくなり、同時に安全性も飛躍的に向上しました。

　スクリューは異形状の羽根を周囲に数枚取り付けているため、溶接して製造することは寸法精度を確保する点から難しい技術です。そこで多くは鋳造して鋳物品として製造する機会が多くなります。

船舶のスクリューは水中で使用するため腐食します。耐食性が必要ですから使用する一般的な材質は真鍮（黄銅）です。真鍮は銅と亜鉛の合金で目的の性質を得るために数種類を製造しています。亜鉛の含有量によって機械的性質、鋳造性、加工性、耐食性などが大きく変わります。現在は46黄銅と称して40％亜鉛を添加した真鍮をベースにして、耐食性と引張強さを増すために微量のマンガン、錫、アルミニウム、銅などを添加した特殊高力黄銅を使用しています。ほかには同じ銅合金のスズ青銅があります。溶解性、鋳造性がよく、耐食性が優れていますから昔から多く使用しています。ステンレス製のスクリューも同様に耐食性が優秀であるため使用できます。

岡山に世界最大のスクリュー専門メーカー、ナカシマプロペラがあります。伝統ある船舶のスクリューの専門メーカーで、あらゆる形状と大小のプロペラを製造して世界中に販売しています。スクリューの分野では国内市場をほぼ寡占し、世界中でも3割を超える販売占有率を保っています。プロペラの性能を出すためには羽根のバランスが必要です。バランスには静と動があります。バランスが悪いと偏荷重がかかったまま回転しますから性能が出ないばかりか、寿命が短くなります。偏荷重が大きくなると振れや振動が進み事故に到ります。また羽根の表面は面粗度を上げて、流体が抵抗少なく流れるようにすることが性能を向上します。そのため同社は数ミクロンと極めて滑らかな面粗度を維持しています。これを造り上げる技術と技能がノウハウであり、日本の製造力が他国の先頭を走る元になります。

ファスナー――いつまでも滑らかな動きを

ファスナーは樹脂製もありますが、ここでは金属製ファスナーを紹介します。以前はボタンで留めるスラックスが主流でしたから、風通しをよくしたいのか閉め忘れた例が見られました。でも年輩者が締め忘れているのはまだよい方で、空け忘れて事を済ますようになったら問題ですと医者から聞いたことがあります。

余談はこれくらいにして、ファスナーの原理が開発された時期はかなり古く、1891年アメリカ人が発明しました。日本では1927年（昭和初期）に広島県尾道の方が初めて製造に成功しました。

ファスナーは各国で名前が異なっています。イギリスは「スライドファスナー」と呼び、アメリカは「ジッパー」。日本では古くから「チャック」といっていました。チャックとは尾道で販売するときに、当時の手提げ袋あるいは財布に使用していた巾着袋にちなんで、商品名にチャックと名付けました。なお巾着袋とは布地で袋を作り、上部の縁の周囲に紐を通して締め上げると口がすぼみ、口が閉じて中の品物が落ちなくなる日本独特の簡易な手提げです。

現在、日本でファスナーの有力なメーカーはＹＫＫ（吉田工業）です。ＹＫＫは敗戦前に都内で製造し始め、手工業から効率的な自動化に成功したため生産量が増しました。都内の工場が焼失したあと富山県黒部に生産拠点を移して現在に至っています。世界中の占有率は約5割に迫っています。

金属ファスナーはエレメント材料に銅合金（丹銅）、アルミ合金、洋白、亜鉛合金などを使用しています。

ファスナーの新しい使い方

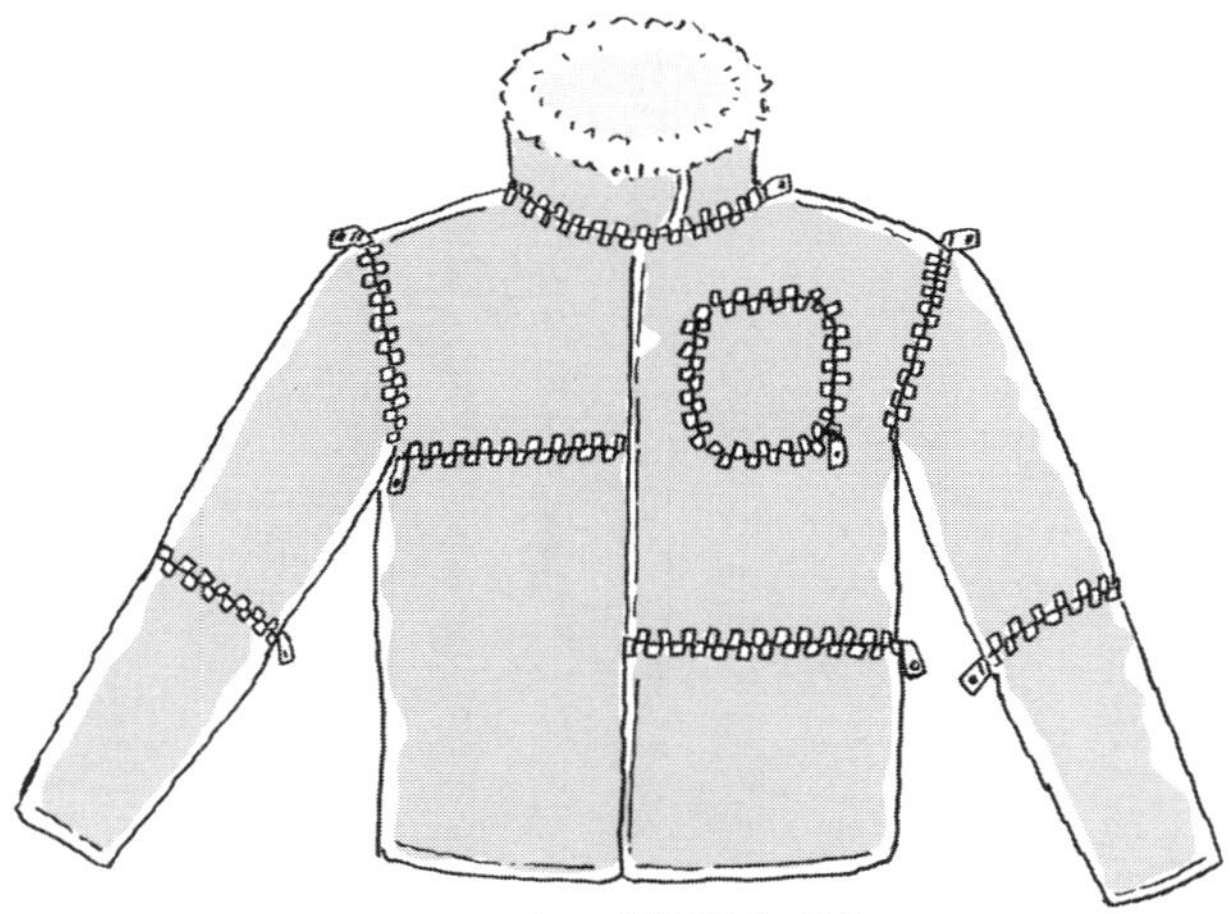

ファスナー式部品取り替え
新ファッション服

ファスナー材は製造時に湯の融点が低く、流動性がよく、かつ金型に鋳込むときの射出成形性に優れる特性が要求されます。またファスナーの機能は滑らかな摺動性、強度、耐摩耗性、耐食性が必要ですから総合的に材料を選定することになります。

丹銅は銅に亜鉛を4～12％添加した真鍮（黄銅）合金です。赤い色をしているからレッドブラストと呼んでいます。丹銅は展延性、絞り性、耐食性に優れています。とくに3～7％添加した合金は深絞り性が良好で、装身具や、管楽器に使用しています。

洋白は洋銀ともいわれ、銅に亜鉛を15～30％添加した真鍮（黄銅）をベースにし、さらにニッケルを10～20％添加した合金です。とくに熱間加工性が良好であるため、射出成形や押出し加工に優れた性質を示しますから、エレメントの製造に向いています。

最近のファスナーの材質には樹脂製の使用が多くなり、金属に引けを取らない性質を得ています。

浚渫船用すべり軸受――適正なすきまが重要

浚渫船《しゅんせつ》はドレッヂャーといいます。河川や河口の底を浚えて土砂や砂礫を陸上に排出し、大型船舶の航行を容易にするほか、海上部に建築物を構築する基礎の補強のために行う専用船です。

浚渫時の掘削方法はいくつかの種類があります。爪を持った大型バケットを連続的に回転しながらすくい取る方式や、スパイラル状の長軸の大型ドリルを垂直に立てて掘削しながらすくい取る方式などがあります。すくい取る対象物が河川底部の見えない土砂や砂礫ですから、すくう際に受ける外力は断続的で衝撃がかかり、荒々しい作業になります。

大分臨界工業地区のある範囲を浚渫していた企業から、浚渫船のバケットを稼働する原動部主軸のすべり軸受の裏張り修理を受けました。主軸の直径は約300㎜で、支える軸受だけを送付してきました。すべり軸受は球やコロが回転するころがり軸受ではなく、すべりながら回転する構造です。今回のすべり軸受は2つ割のケース（台金）で、それぞれのすべり軸受に鋳流して裏張りします。

すべり軸受に使用するメタルはいくつかの種類があります。一般に使われている種類は、銅合金のうち銅―鉛合金のケルメット、錫青銅、燐青銅、鉛青銅などがあり、錫合金ではバビッドメタル（錫系ホワイトメタル）、鉛系ホワイトメタルがあり、またカドミウム合金、亜鉛合金やアルミニウム合金があります。ほかに焼結含油軸受の使用も拡大してきました。それぞれは一長一短がありますが、選択する性質は耐荷重、耐焼着性、すべり速度などで選定します。

すべり軸受は経年劣化により摩耗します。そのため裏張り修理を行い保守する必要で、ころがり軸受にはない特徴です。今回の依頼もそれが目的でした。

裏張りは次の手順で行います。

①軸受ケースに残存しているメタルを溶け流して手入れしたあと、合わせ面を精度よく面仕上げます。

②２つの軸受ケースは合わせるときに合わせ面に分離板を挟んで一体物にし、バンドで締め上げて定盤上の石綿板上に垂直に載せます。溶湯を注入したときに流れ出ないように定盤との隙間をなくします。

③軸受ケースを１５０～２００℃に予熱します。

④この間に並行して鋳込み用のメタルは炉で溶解しておき、溶湯を軸受ケースに注入します。このとき溶解温度を守り、注湯時に温度降下がないように迅速な作業を行います。

⑤完全に冷却したら一体物の軸受ケースのバンドを除去して、それぞれ２つの軸受ケースに分離します。

⑥それぞれの軸受ケースの合わせ面を切削加工して滑らかに仕上げ、再度１つに合わせて一体物にしてバンドで締め上げます。

⑦一体物ケースの内面を指定の寸法に切削加工します。このとき注意することは主軸との隙間寸

すべり軸受ケース（片方）

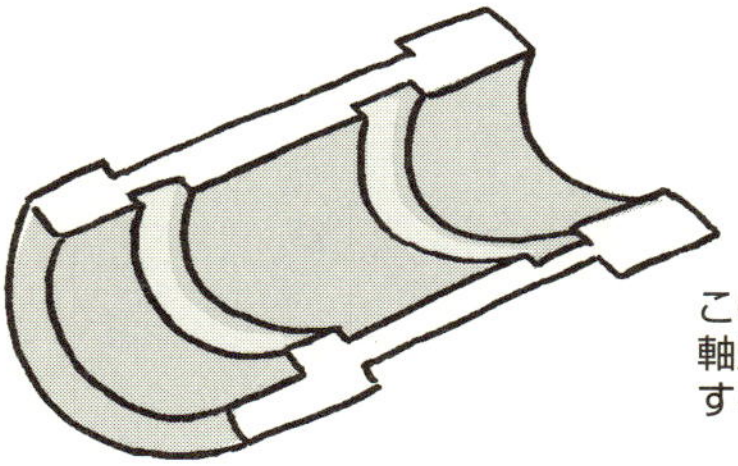

法を確実に確保することです。

以上で裏張り修理が完成してすべり軸受を客先に送付しました。

ところが数日後に軸受が焼付いたという連絡がありました。社内では設計が製造の切削加工した寸法を疑いましたが、現場は入念に加工し検査していたため寸法精度については記録を保存していましたし、製造はほかの疑念を持ちました。再度、焼付いたすべり軸受を緊急に送付してきました。観察するとすべり面が無惨に焼付いています。しかし、焼付いていない内面箇所の寸法は検査したとおり問題はありませんでしたから、設計は原因を解明するために難儀したようです。

主軸との隙間は設計が0・03㎜を指定していました。侃々諤々《けんけんがくがく》の意見交換があり討議が延々と続きました。設計はこの方式の経験がなく、隙間代のノウハウを持っていなかったのです。客先も乗り込んできて、隙間はそんなに厳しい値ではないと主張します。意を決した設計は藁をもすがる気持ちで隙間を0・3㎜と今までの10倍も大きくして結果を待つことにしました。突貫工事で再修理を行い、その寸法に切削して特急で客先に送付しました。客先は工事の後れを挽回するために24時間で組立し再稼働しました。その結果、故障はまったくなく、極めて順調に工事が進みました。作業が一段落したあとに客先からお礼の連絡を受けました。

すべり軸受は使用の条件により隙間代が焼付きや摩耗に大きい影響を及ぼすことがわかった次第で、現場のノウハウが蓄積できました。

飯盒《はんごう》――丈夫で効率のよい材質と形状

6歳の幼稚園児になったとき、母の手作りの弁当を初めて持っていきました。弁当箱はアルマイト製の飯盒《はんごう》でした。アルマイトはアルミニウム板を冷間加工（深絞り）したあとに、表面が酸化して酸化アルミニウム（Al_2O_3）を形成し、耐食性を増した材料です。軽くて錆びないため重宝でしたが、梅干しの酸に侵されて穴が明くことがありました。

飯盒は幅8㎝ぐらい、深さ12、13㎝の断面が腰の横に下げやすいようにやや瓢箪型で蓋があり、お茶用に使った蓋を取ると中に1段の入れ子のおかず入れがありました。

この飯盒は国防色の紡績繊維質のバンドで十字に結わえ、ショルダー式になっていました。第2次大戦中の日本兵もこれを使っていたと聞きます。

飯盒はドイツ陸軍が発明したと記録されています。日本では陸軍が日清戦争時に採用しましたが、アルマイト製ではなく鉄板に琺瑯《ほうろう》あるいは漆を塗っていたので火にかけることができませんでした。そのあと明治23年以降に陸軍が野戦で煮炊きできるように改良してから急速に普及しました。

しかし当時、平均の日本人が1日に食する量は6合（900g）でしたから、1回4合しか炊けない飯盒の改良を行い、中の入れ子を大きくして同時に8合の炊飯ができるように改造してからは1日1回の炊飯で大丈夫になり、軍における炊飯が合理化できました。昭和7年にこの新飯盒を陸軍が正式採用しています。第2次世界大戦時にはアルマイト不足のために鋳物製の飯盒も使用しています。

野外の炊飯

飯盒は社会人になってハイキングや登山に持ち歩き、野山で焚き火しながら米を炊いたことがあります。当時のことを考えると便利でよく考えた作りだと思います。形状が丸形ではないため、多数個を寄せて火にかけて炊飯することができ、しかも瓢箪型であるため熱効率がよく内部まで行き渡るという長所がありました。太めのバーを渡して取っ手にかけると、何個も同時に吊り下げ、焚き火で炊けますし、炊き上がると両手に何個も吊り下げて持ち運びができるから極めて便利でした。

物理的な見地から見ると、蓋をしっかり閉めて焚くと圧力が高くなるため、高地でもうまく炊けます。蓋部に石を乗せて蒸気が逃げないようにするともっと効果が出ます。炊き終わったら中のご飯を移し替えて飯盒で湯を沸かし、汁物などのおかずを作ることができます。その意味では飯盒は非常時に多岐能性に優れていて、野外の使用にマッチングする食器といえます。

飯盒炊飯の燃料はカセット式ガス、ろう材などを使っています。林間学校の行事などで児童に飯盒炊飯を経験させて炊飯の原理および重要性を認識させることは、教科書にない勉強ができるでしょう。

登山では山の頂上で煮炊きして1杯飲むことが楽しみです。レトルト食品が多種販売されていますから煮炊きは少なくなりましたが、煮炊きした食事は最高に美味しいものです。最近は飯盒に替えてチタン製の重ね式の容器を使用しています。

チタンは1947年以降、アメリカで本格的な生産が始まった新しい金属です。それまではチタン鉱石から製錬する方法を発明できなかったためですが、クロール法という精錬でスポンジチタンを製造することが可能になったためです。日本では製造が1952年に始まり、現在年間に数千トンを生産しています。チタンは耐食性に優れるため、とくに化学工業用の装置に多く使っています。アメリカは民用と軍用の航空機製造産業の使途が主体です。チタンの長所は密度が4・54と軽く（アルミニウムは2・7）、融点が1670℃と高いこと、さらに高温強度対重量比が大きいことです。とくに最後者はチタン合金として航空機体用に合致しています。

登山用の容器は軽さと耐食性が有効ですが、やや高価なことが欠点です。

バイクのエンジン——軽量な空冷を活かす

バイクのエンジンにかかわらず一般の自動車の内燃機関であるエンジンは何から造られているでしょうか。エンジンに使用するために具備する条件は、次の8つです。

①軽量であること
②強靭であること
③鋳造性がよいこと
④耐熱性がよいこと
⑤放熱性がよいこと
⑥耐食性がよいこと
⑦機械加工性がよいこと
⑧安価なこと

これらの性状を包含する金属はアルミニウム合金です。アルミニウムは密度が2・7と軽く、融点が660℃と低いため容易に熔解できます。アルミニウムをベースにした合金は多種多彩です。

製造法により分類すると、鋳物用アルミニウム合金は普通鋳造以外にダイキャスト法により量産した製品を利用しています。代表はアルミニウム—銅合金で多くの種類を規格化しています。一般に機械的性質も良好で、自動車、航空機、流体部品、食品用機器、上下水道部品など広範囲に使用しています。

次にアルミニウム—珪素（シリコン）合金です。これを代表する実用合金は珪素を10～13%含有するシルミンです。とくに湯流れが良好で、鋳造性に勝り、マグネシウム、マンガン、コバルト、クロムを同時添加して諸性質を改良した規格があります。

ほかには銅と珪素を添加したドイツ発明のラウタ

ルがあり、切削性を改良しています。アルミニウムにマグネシウムを添加した合金はヒドナリウムです。とくに耐食性、のびと絞りが高い合金で、さらに軽量化することができました。

エンジンは代表的にはシルミンを使用しますが、現在は多岐にわたってメーカーにより選択して使用しています。アルミニウム合金は鋳物用のほかに展伸用がありますが、ここでは割愛しました。

18歳で自動車免許を取得したあと、すぐ中古のバイクを購入しました。エンジン容量は250㏄の今では名車になったホンダ「ドリーム」号です。

このバイクで競争することになりました。そこでいろいろな対策を立てて周到な準備をしました。そのなかで最も期待した工夫は空冷エンジンのケースのフィンにアルミニウム製の洗濯はさみをハリネズミのように付けたことです。結果的に私のエンジンは過熱してもエンジンが焼付くこともなく友人に競り勝ちました。当時のエンジンは焼付きやすく高速時にエンジンの回転を上げることに限界があったので、その後、友人仲間にこの方法が広まりました。

現在はバイクも水冷エンジンが主流になりましたが、水冷式はエンジンが大きくなり重量がかさみます。零式戦闘機がたかだか1000馬力で1トンの機体を時速500㎞を超えた速度で飛翔できた根本の理由は、エンジンが空冷であったためです。対するアメリカのグラマンは2000馬力の水冷エンジンでしたが機体重量が重く、速度は零戦に叶いませんでした。

ハリネズミエンジン

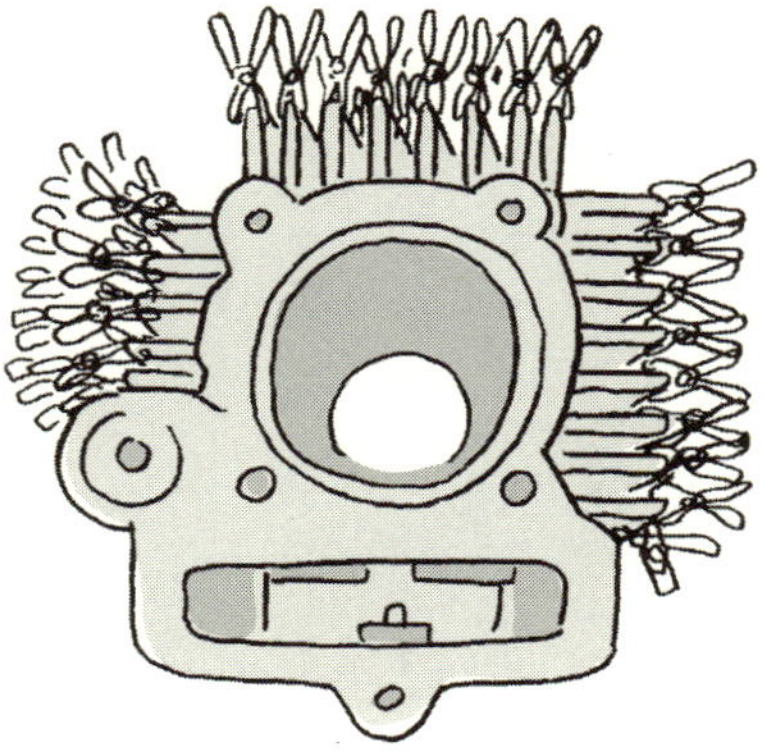

冷却効果を上げるため、アルミニウム製の洗濯ばさみを付けた

エンジンを空冷にできることは多くの相乗効果が得られます。日本の自動車の製造技術は世界の最先端を走っていると思われがちですが、ディーゼルエンジンに関しては後塵を拝しています。いかに電気自動車が隆盛を期しているとしても大型自動車、トラック、バス、建設機械類が電気式動力になり得る余地はありません。このような超大馬力のエンジンにはディーゼルエンジンが必要で、ドイツが最先端を進んでいます。さらに空冷で小型化を可能にすれば業界を席巻するはずです。

エンジンを冷却することは単位当たりの燃料をそれだけ無駄に使うことになりますから、冷却不要なエンジンが望まれるのです。これを可能にする材料は最終的にはセラミックでエンジンを造ることです。この製造技術が確立できれば冷却装置が不要になります。水冷用のラジエータがなくなるだけでも相当な効果が得られます。

仏像——光り輝く金属は

亡くなった元憲兵の大叔父が第2次世界大戦中に大陸から持ち帰ったという千手観音様を、妹である祖母が土産に貰い受けて仏壇に祀《まつ》っていました。戦後になって大陸のどこの寺院かはわからず返却ができなかったため、後年ゆかりの寺に収めて永代供養をお願いしています。

仏像は戦災に会い焼けていたので全体が煤けていましたが、表面をヤスリで削ると金ぴかの色が光っていました。これは金ではないかと子供心に心躍り、高価な仏像だと期待していましたが、金属の素養を積み増すにつれてどうも黄銅らしいことがわかってきました。

金属製の仏像は多くが銅合金で作られています。それは銅合金が鋳物として作りやすいからです。先史時代の銅合金は不純物が多く混ざっていましたが、基本は錫が混合した青銅です。銅鏡、銅矛、銅鐸は古墳にも数多く埋蔵されていたことから、青銅の製造が進歩していたことがわかります。青銅は融点が低いため加熱が容易であり、鋳型の強度もほどほどの強さでこと足ります。青銅は湯の流動性が優れるため微細な隙間にも入り込み、繊細な模様や薄肉部などを作ることが可能ですから、仏像を製作するためにも適していました。奈良や鎌倉の大仏は錫含有量が異なりますが、基本的に青銅製です。

お寺の梵鐘《ぼんしょう》も青銅製です。一方、教会の鐘も同じ青銅製ですが音色が違います。前者が重く深く余韻も長く響きますが、後者はカランカランと高い音域で響きます。この差異は錫の含有量の差異により

千手観音

ますが、前者は含有量が少ないため機械的性質のうち靭性が高く割れる機会は少なくなり、後者は引張強さが大きい割に脆くなり割れやすくなります。

次に銅合金の代表選手は黄銅です。真鍮とも称します。黄銅製の生活品は、水道栓、バルブ、ドアの取手、船舶のスクリュー、装飾品など広範囲に使用しています。青銅と類似して融点が低く、鋳物の製造に適していますから仏像にも応用しています。青銅より色調がきらびやかで、黄金のように光沢があります。

黄銅は銅ベースに亜鉛を混合しています。亜鉛の添加量の過多によって融点が変化し、機械的性質が大きく変化します。市販品では46黄銅、73黄銅が代表で小さい数字が亜鉛含有量を示します。46黄銅は亜鉛が多いので黄銅の中ではやや安く、73黄銅より冷間加工性は落ちますが展延性が優れているため、板材やバー材など冷間加工できます。強度は73黄銅より強くなりますが耐食性が落ちます。ボルト・ナット、熱交換器用管などに使用します。46黄銅は電球の口金、ランプケースなど冷間加工用に向き、ほかには自動車用放熱器、ファスナー、ソケット、一般装飾品があります。

黄銅は冷間加工のほかに鋳物として製造しますが、産業用としては量的に多くはありません。黄銅は光沢が美しいこと、熔解作業が比較的に容易であることから一般機械部品、ボイラー用部品、耐海水用機械部品、配管用部品、建築用金物、装飾品などに使用します。

胃の中の磁石——金属回収にもってこい

牛の胃の中には磁石があります。牛はもともと野原の草を餌にして食べる動物です。牛は青草がなくなったら枯草、藁、野菜などを餌にして食べる本性を持っています。人間と異なって繊維質の枯草や藁を食べて胃の中で溶化し、酵素でブドウ糖やアミノ酸に変換して体内に栄養物を吸収することができます。そのため牛は強力な４つの胃を持っています。何度も何度も咀嚼《そしゃく》し、口から餌を入れないときは、胃の中から逆に口に取り出しながら何度も咀嚼するほどですから、牛の咀嚼と胃の力によればどんな繊維質の餌でも粉々になります。

牛は光る物に興味を持つため、ついつい飲み込んでしまうことがあります。光る物には空き缶、釘、針など金属製の廃棄物があります。飲み込むと尖った金属破片が胃壁や横隔膜を突き刺してひどいときは破ってしまう危険性が生じます。

そこで人間は大したアイデアを生むもので、前もって牛の胃の中に磁石を入れておき、牛が飲み込んだ金属破片を吸着して一箇所に集めたあと、定期的に体外に取り出すという対策を立てました。その結果、非常によい成績を収めています。

使う磁石はアルニコで、パイプを口から通して磁石を第２の胃に入れています。この胃でストップをかけようとするものです。

このアルニコ磁石は人間の人差し指様の形状です。成分はアルミニウム、ニッケル、コバルトですから、Al—Ni—Coといい、熔解したあと鋳造すると強力な磁力を持つ永久磁石です。工業用の使用はスピーカ

強力な磁石

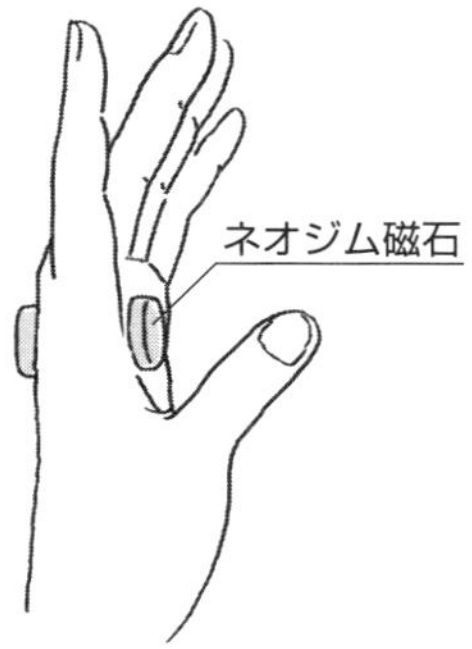

手の甲と平でもくっつくほどの磁力を持つネオジム磁石

の振動コイルがありましたが、現在は少なくなりました。

棒状の学習用具として磁石を使った経験があるはずで、S極とN極の地場を持つ物質です。砂鉄を集め紙に置いて紙面の下から操作すれば砂鉄が踊る様子を確かめることができます。コンパスの針に応用して地球上の方向を見ることもできます。この磁石は永久磁石といい、永い間磁性を失わず性質を保ちます。アルニコ磁石のほかに、KS鋼、MK鋼、フェライト磁石、サマリウムコバルト磁石、ネオジム磁石があります。

①KS鋼：本多光太郎博士が1917年発明。成分は鉄、タングステン、コバルト、クロムを含有します。

②MK鋼：三島徳七博士が1931年に発明。成分は鉄、ニッケル、アルミニウムを含有する鋳造鋼です。MK鋼はKS鋼より強力で安価に製造できました。この磁石の発明により日本は磁石の研究開発で世界の最先端を走ることになります。

③フェライト磁石：加藤・武井博士が1937年に発明。成分は酸化鉄、バリウム（Ba）、ストロンチウム（St）で焼結します。安価に製造ができ材質が安定します。

③サマリウムコバルト磁石：成分はサマリウム（Sm）、コバルトからなる強力な磁性を持ちます。

④ネオジム磁石：佐川真人氏が1984年発明。成分はネオジム（Nd）、鉄、ホウ素（B）からなる希土類磁石です。極めて磁力が強く、小型品に用いられています。

牛も金属破片が落ちていない野原の青草を食べることができれば幸福でしょうが、最近は先天的な性質を曲げて、狭い牛舎に閉じ込めて濃厚飼料を与え、成長ホルモン剤を混入した餌を無理に食べさせる工業的な畜産が行われています。各地で口蹄疫が発生したときは対策が処分という簡単に生を抹殺する行為を繰り返しました。牛に責任があるでしょうか。おそらく人間が神の摂理に反して生産優先主義で進めたしっぺ返しではないかと考えられます。

その証拠に、口蹄疫を始めとした疾病の発症は、純化した黒毛和牛の種に起因するという意見があります。国内の多くの肉牛は数代先を辿るとたった数種の種に行き着き、近親交配が進んで単一種になると疫病に対する抵抗力を失ってしまうというものです。

雑種牛を育てていた時代は牛が金属片の有害さを知っているから飲み込むことはなく、口蹄疫や他の疾病も少なかったと古老から聞き及んだことがあります。

参考文献

「貴金属の科学」菅野照造、日刊工業新聞社（2007）
「金属材料の最前線」東北大学金属材料研究所、講談社（2007）
「へんな金属すごい金属」斎藤勝裕、技術評論社（2009）
「チタン」日本チタン協会、工業調査会（2007）
「鉄の未来が見える本」新日本製鉄、日本実業出版社（2007）
「すばらしい新素材」（上）（下）上智大学理工学部公開講座、森北出版（1990）
「金属の素顔にせまる」住友金属テクノロジー株式会社、学研（2008）

◎著者紹介◎

坂本　卓（さかもと　たかし）

1968年　熊本大学大学院修了
同年三井三池製作所入社、鍛造熱処理、機械加工、組立、鋳造の現業部門の課長を経て、東京工機小名浜工場長として出向。復帰後本店営業技術部長。
熊本高等専門学校（旧八代工業高等専門学校）名誉教授
㈲服部エスエスティ取締役
三洋電子㈱技術顧問
講演、セミナー講師、経営コンサルティング、木造建築分析、発酵食品開発など活動中。

工学博士、技術士（金属部門）、中小企業診断士

著　書　『おもしろ話で理解する　金属材料入門』
『おもしろ話で理解する　機械工学入門』
『おもしろ話で理解する　製図学入門』
『おもしろ話で理解する　機械工作入門』
『おもしろ話で理解する　生産工学入門』
『トコトンやさしい　変速機の本』
『トコトンやさしい　熱処理の本』
『よくわかる　歯車のできるまで』
『絵とき　機械材料基礎のきそ』
『絵とき　熱処理基礎のきそ』
『絵とき　熱処理の実務』
『絵ときでわかる　材料学への招待』
『「熱処理」の現場ノウハウ99選』
『ココからはじまる熱処理』（以上、日刊工業新聞社）
『熱処理の現場事例』（新日本鋳鍛造協会）
『やっぱり木の家』（葦書房）

おもしろサイエンス
身近な金属製品の科学　NDC581

2011年9月25日　初版1刷発行　（定価はカバーに表示してあります）

著　者　坂本　卓
発行者　井水　治博
発行所　日刊工業新聞社
〒103-8548　東京都中央区日本橋小網町14-1
電　話　書籍編集部　03（5644）7490
販売・管理部　03（5644）7410
ＦＡＸ　03（5644）7400
振替口座　00190-2-186076
ＵＲＬ　http://pub.nikkan.co.jp/
e-mail　info@media.nikkan.co.jp
印刷・製本　美研プリンティング㈱

落丁・乱丁本はお取り替えいたします。
2011 Printed in Japan
ISBN 978-4-526-06759-4